머리말

우리나라에서의 헤어컬러링 변천사를 보면 1980년대까지는 주로 백모염색을 목적으로 시행되어 왔으며, 1990년대에 이르러서야 멋내기 염색이 미용실의 부가가치가 높은 새로운 메뉴로 등장하여 자리를 잡기 시작하면서부터 본격적인 발전양상을 보이기 시작하였다. 특히 새천년을 맞이한 2000년부터 2005년 사이에는 감각적이고 개성적인 다양한 컬러가 계절과 연령을 초월해 인기를 누려, 헤어컬러링에 있어서 르네상스시대라고 할 정도로 폭발적인 인기로 절정기를 맞이하였으며, 실제로 우리나라 대부분의 여성들은 물론, 젊은 층의 남성들도 대다수가 머리 염색을 하는 시기였다.

그러나 이와 같은 전국적인 열풍에도 불구하고 염색에 대한 전문적인 교육과 홍보의 부족으로 인해, 염색으로 인한 모발의 손상을 사전에 예방하는데 소홀히 한 결과, 소비자들의 불만이 커져 현재 우리나라의 헤어컬러링 시장은 현저히 축소되는 현상이 나타나기 시작하였다.

따라서 학생들이 헤어컬러링을 배우는데 있어서 감성과 테크닉 못지않게 중요한 것은, 모발과 염색에 대한 이론적인 지식습득이라고 생각한다.

헤어컬러링은 단순히 모발에 색을 첨가하거나 제거하는 행위가 아니라 인체에 화학약품을 직접 사용하는 시술이므로 염모제와 모발에 관련된 지식을 반드시 숙지해야 할 것이다. 아울러 염색이란 색채에 관한 지식뿐만 아니라 모발고유의 색과 염모제가 갖는 색상의 메카니즘을 이해하여, 단순한 디자인 작업이 아니라 과학적이고 정확한 염모제 배합과 시술과정을 거쳐 의도한 색상을 도출해내야 한다고 생각한다.

이러한 차원에서 이 교재에서는 염색 및 탈색원리, 모발이론, 색채이론 등 염색에 필요한 전반적인 사항을 두루 기술하였으며 헤어컬러링의 교본으로서 염색도포기법, 고객상담, 상담카드작성, 모발을 한층 아름답게 디자인하기 위한 염색디자인, 재염색, 칼라체인지, 여러 제품회사의 제품가이드와 칼라차트표 등을 겸비하여, 헤어컬러리스트로서의 헤어컬러링에 대한 이론과 실기를 겸비할 수 있도록 하였다.

원고정리에 최선을 다 하였으나 정리를 끝내고 보니 아직도 미흡한 점들이 많음을 절감하게 된다. 이러한 점들은 앞으로 계속 수정, 보완해 나갈 것을 다짐해보며, 부디 이 작은 책자가 고객이 원하는 색상을 얻을 수 있을 뿐만 아니라 나아가서 모발의 손상을 최소화 할 수 있는 다양한 테크닉을 연마하는데 도움이 되어주길 바란다.

끝으로 원고를 준비하던 오랜 시간동안 물심양면으로 각별한 배려와 인내로 기다려주신 청구문화사의 이상태 사장님과 이 책이 더욱 빛날 수 있도록 편집에 수고하신 이헌숙 팀장님께 지면을 빌어 감사드리며, 특히 본서의 출간을 위해 자료제공을 기꺼이 허락해 주신 L'OREAL, WELLA코리아, SELECTIVE 코리아, Hair GRAPHY 등의 관계자 분들께도 심심한 감사의 말씀을 드린다.

2007년 정월
저자일동

차례

모발의 이해

제 1 장 모발의 이해

1. 모발의 발생과 구성

1) 모발의 개요

모발이란 사람의 몸에 난 털(毛)의 총칭이며 포유류 특유의 피부 부속기관으로서 피지선이나 한선과 함께 태아의 발육과 동시에 발생한다. 따라서 모든 피부의 발생에 따라 생겨나 각화현상이 진행되어 한 가닥의 모(毛)가 형성되는 것이다.

두발, 수염, 눈썹, 속눈썹, 코털, 귀털, 겨드랑이 털, 음모, 체모 등으로 명칭을 구별하며 모발은 두피에 1~5개씩 근접하여 비스듬히 뿌리박혀 있으며 잘라도 다시 자란다. 모발은 자연 또는 화학적인 작용에 의해 손상될 수 있으며 모발의 색은 변할 수 있다.

모발은 두 부분으로 나눌 수 있는데 우리가 눈으로 볼 수 없는 부분을 모근(hair root)이라 하고, 우리가 눈으로 볼 수 있는 부분을 모간(hair shaft)이라고 한다.

(1) 모발의 종류

① 황인종의 모발은 굵고 직모이다.
② 백인종의 모발은 가늘고 곱슬머리이다.
③ 흑인종의 모발은 거의 헝클어진 듯한 강한 곱슬머리이다.

(2) 모발의 수

모발의 색, 인종, 굵기에 따라 다양하며 평균적으로 개인이 갖고 있는 모발의 수는 약 100,000개 정도이다.

① 금발의 모발 수

- 금발의 여성 : 140,000~150,000개
- 금발의 남성 : 130,000~150,000개
- 금발은 갈색모 보다 가늘고, 모발의 숱이 더 많다.
- 금발은 주로 가느다란 머리 결을 갖고 있다.

② 갈색모의 모발 수

- 갈색모의 여성 : 110,000개
- 갈색모의 남성 : 100,000개

③ 흑모 및 적색모의 모발 수

- 흑모 : 100,000개
- 적색모 : 85,000~88,000개

(3) 모발의 직경

- 나이와 인종에 따라 0.05~0.12mm로 다양하다.
- 갓난아이의 모발은 매우 가늘고 약하다.
- 성인의 경우 가장 굵으며, 늙어 갈수록 가늘어진다.

(4) 모발의 밀집도

- 머리카락은 두피 1㎠위에 약 50~150개 정도 발견된다.
- 여성이 남성보다 더 많은 모발을 갖고 있다.

(5) 모발의 길이

- 모발은 하루에 약 0.4mm씩 자란다(1개월에 1~1.5㎝).
- 남자가 여자보다 자라는 속도가 빠르다.
- 겨울보다 여름이 자라는 속도가 빠르다.

(6) 모발의 수명

- 신체의 모발의 수명은 여성의 경우 4~6년, 남성의 경우 3~5년이다.

(7) 모발의 손상요인

- 생리적인 요인 : 호르몬의 불균형, 편식, 스트레스, 다이어트, 영양부족
- 물리적인 요인 : 브러싱, 브로우 드라이, 컷트, 타올 드라이, 마찰, 전기 세팅
- 화학적인 요인 : 샴푸, 모발탈색, 모발염색, 퍼머넨트
- 환경적인 요인 : 일광(적외선, 자외선), 해수, 온도, 대기오염, 건조

2) 모발의 발생

(1) 모 낭

피부의 표면에 솟아 있는 모발은 세포 결합조직의 이중 층으로 둘러 싸여 있으며 표피의 함입구에 박혀 있다. 이 표피 함입구는 진피의 몇 mm 안쪽으로 묻혀 있다. 섬유주머니는 똑딱단추와 같이 깊이 들어있는 모눈(모유두=진피돌기)을 표피 함입구의 최하부에 포함하고 있다.

진피돌기와 섬유주머니는 과립층과 기저층에 인접한 아주 얇은 기저막에 의해 표피 함입구와 분리된다. 모유두는 매우 가는 모세혈관에 의해 영양공급을 받으며 모근과 혈관계를 연결시켜 준다.

상피막은 모근을 둘러싸고 있는 표피 함입구로 외상피막과 내상피막으로 구별된다. 내상피막은 모근부를 둘러싸고 있으며 동일점을 중심으로 앙레층, 헉슬리층, 표피층이란 3개의 세포층으로 구성되어 있다.

상기에 기술한 섬유주머니, 모유두, 상피막 등의 세부구조를 일컬어 모낭이라고 하며, 모낭의 최하부를 모구라고 한다.

(2) 모발의 생성

모낭이 형성되는 생성기간은 2~5개월이며, 그 후에 머리카락이 탄생한다. 모모태 또는 배아층이 있는 모낭하부의 모유두 부근에서는 모발의 형성에 기여하게 될 세포(keratinocyte)들이 발견되는데, 이 세포들은 유사분열에 의해 증식된다. 세포분열과 모구의 발달에 필요한 양분은 모세혈관으로부터 영양을 공급받은 모유두에서 가져오게 된다.

세포증식의 결과로써 성장에 기인한 압력이 생기며, 세포들은 모낭의 방향대로 위쪽으로 밀려올라 가게 된다. 세포들은 우선 미분화영역에 도달하는데 여기서 서로 다른 형태를 갖게 된다. 한 부분은 상피막의 세포층을 이룬다. 또 다른 부분은 모유두 바로 위쪽에 있는 세포들로 모낭의 축을 향하여 방추형의 형태로 변화되고 아주 얇은 섬유상(소섬유)의 구조를 형성한다. 이세포들은 모발의 코텍스(모피질)를 구성한다.

모모태에서 조금 떨어진 곳에서 형성된 케라티노사이트는 반쯤 이행될 대까지 세포벽의 표면에 변화를 받아들인다(퇴적층의 형성). 세포들은 바깥 방향으로 길쭉해지고 납작해져 서로 포개어 들어가기 시작한다. 이렇게 해서 비늘층(각질층) 또는 큐티클(모표피)이 구성된다. 연이은 각화 영역에서 피질세포를 포함하고 있는 미세섬유는 견고한 모태속에서 표피세포처럼 완전히 각화된다.

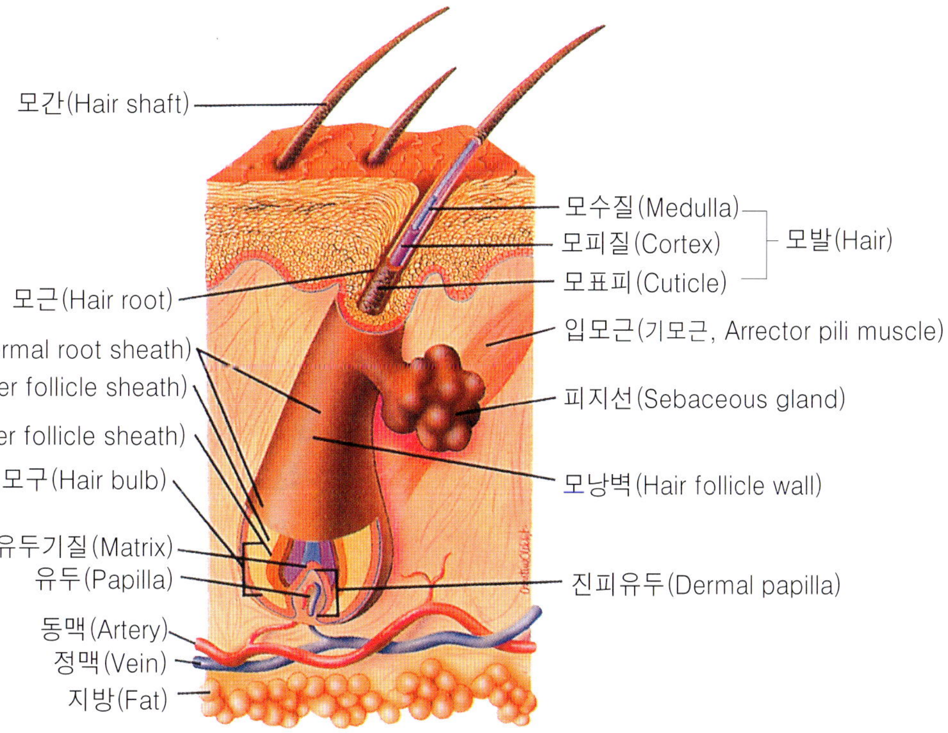

그림 1-1. 모근부의 구조

3) 모발의 성장주기

모발은 정기적으로 새로 자라나며, 성장단계는 연속되는 3단계를 반복한다.

모낭의 활동단계를 아나겐(anagen) 이라 하고, 계속되는 짧은 기간 동안의 과도기적 활동단계를 카타겐(catagen) 이라 한다. 그리고 휴지기의 단계를 텔로겐(telogen)이라 한다.

(1) 성장기(Anagen)

모발의 성장은 모구의 밑 부분에 자리잡고 있으며 혈관계에 직접 연결되어 있는 모유두의 영역에서 시작한다. 성장에 필요한 양분은(아미노산) 모유두에서 가져오게 되는데, 이 과정에서 세포분열이 일어나게 된다. 세포분열의 영구적인 구역은 모태, 모모세포층으로 지칭된다. 이곳의 세포들은 완만한 속도로 모낭 안에서 단단해지면서 위로 향하여 천천히 올라온다(각화).

멜라닌(색소)은 이 세포들 속에서 저장되어 발견되며 모발에 자연색을 갖게 한다. 전체 모발의 85%가 2~6년간 지속되는 성장기 단계가 있다.

(2) 과도기(Catagen)

모유두가 모발의 영양섭취를 관장하는 성장단계 이후 모세포층의 세포분열은 중지된다. 모근이 파괴되며 상피막이 수축되고 혈액공급이 중단된다. 전체 모발의 1%가 대략 3~4주간 지속되는 과도기 단계에 있다.

(3) 휴지기(Telogen)

모구가 모유두에서 분리되고 모발은 위로 향하여 자라난다. 피지분비에 의해 탈락될 때까지 모발은 모낭 안에 머무른다. 휴지기 동안에 모유두에서는 새로운 성장의 단계가 생성되는데, 이는 새로운 모발의 시작이다.

이전의 모발은 빗질, 브러싱, 샴푸 등에 의한 물리적인 원인에 의하여 떨어지지 않으면 새로운 모발에 의하여 밀려 떨어지게 된다. 전체 모발의 14%가 3~4개월간 지속되는 휴지기 단계에 있다.

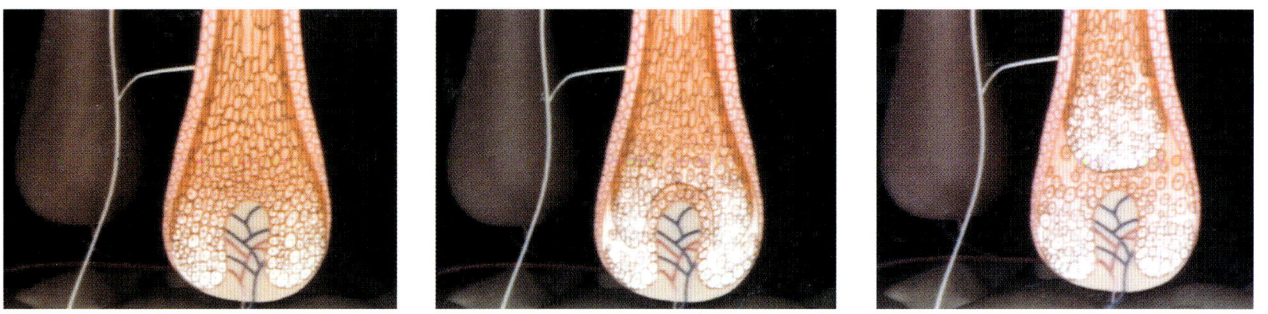

① Anagen단계(성장기)　② Catagen단계(과도기)　③ Telogen단계(휴지기)

그림 1-2. 모발의 성장주기

4) 모발의 구성성분

(1) 모발의 구성요소

모발은 다양한 구성요소들로 이루어진 탄력섬유이다.

- Cuticle(모표피)
- Medulla (모수질 세포)
- Cotex(모피질층)
- Melanin 알갱이(모발 색소)
- 세포막 복합체
- 세포핵 잔여체

(2) 모발의 구성성분

케라딘 단백질(keratin protein) 단백질 분자는 생명에서 가장 중요한 분자이며 모발은 케라틴이라는 단백질로 구성되어 있다. 이 케라틴은 일종의 단백질로서 약 20여종의 아미노산(amino acid)이 모여져 만들어진다. 이 아미노산이 펩티드(peptide) 결합이 되어 폴리펩티드(poly peptide)가 되고 이 폴리펩티드가 연결되어 케라틴으로 되어진다. 따라서 모발에 있어 가장 중요한 것은 아미노산으로 식물과 동물성 단백질을 통해서만 얻어질 수 있다.

① 모발의 구성 주성분

- 탄소 C : 50~60%
- 산소 O : 25~30%
- 질소 N : 8~12%
- 수소 H : 4~5%
- 황 S : 2~5%
- 수분 : 8~10%
- 멜라닌 색소 : 1~3%

② 아미노산(amino acids)

아미노산은 단백질의 구성요소이며 각 아미노산은 탄소, 질소, 산소와 수소원자로 이루어져 있으며 황 원자는 일부 아미노산에만 포함되어 있다.

일반적인 아미노산으로는 22가지가 있는데 그 중 모발에는 19가지의 아미노산이 필요하며 만일 19가지 아미노산이 다 갖춰지지 않는다면 그 구조는 모발이 될 수 없다.

아미노산은 사슬 같은 모양으로 결합되어 단백질을 형성한다.

모든 아미노산은 질소 원자 1개와 수소원자 2개로 이루어진 1개의 노기(NH_2)와 탄소원자 1개 수소원자 1개와 산소원자 2개로 구성된 1개의 카르복실기 또는 산기(COOH)를 갖고 있다. 이는 모든 아미노산의 기본 구조는 다 동일하다는 것을 의미하며, 알킬기(R Group)는 어떤 유형의 아미노산을 다른 유형의 아미노산과 다르게 만드는 역할을 한다.

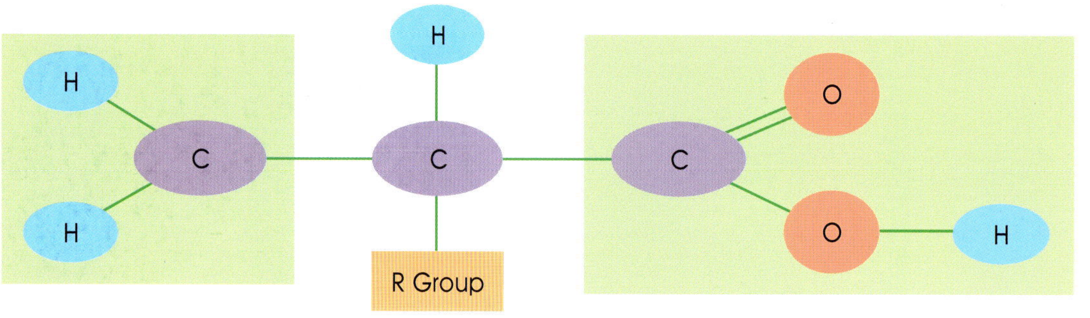

그림 1-3. 아미노산의 기본 구조

표 1-1. 모발에 함유된 아미노산의 조성

아미노산 종류	함 량
알 라 닌	2.8~3.5
아스파라긴산	5.6~6.5
알 기 닌	8.8~9.6
시 스 틴	14.0~16.5
글 루 타 민 산	14.3~15.5
글 리 산	3.3~3.5
히 스 티 딘	0.8~1.1
이 소 로 이 신	2.3~2.5
로 이 신	6.4~6.9
리 신	2.6~3.1
메 치 오 닌	0.5~0.9
페 닐 알 라 닌	2.2~2.8
프 롤 린	7.0~7.8
세 린	9.6~10.8
트 레 오 닌	6.5~7.5
트 립 토 판	0.8~1.2
티 로 신	2.1~2.7
바 린	5.0~5.8
시 스 틴 산	소 량

5) 모발의 구조(The hair shaft)

뒤 바깥쪽의 눈에 보이는 모발의 단면을 현미경으로 확대해서 보면 바깥층에서 부터 표피층(cuticle), 피질층(cortex), 수질층(medulla), 이 세층으로 나누어진다.

(1) 표피층(Cuticle)

모발의 가장 겉 표면으로 모발 내부를 보호하며 딱딱하고 납작한 단백질 세포로 여러겹(3~10겹)물고기 비늘과 같은 조직이다. 표피층은 팽창 능력이 커서 화학 성분의 흡수를 쉽게 하며 알칼리와 접촉하면 팽창되어서 열리고 산과 접촉하면 단단하게 폐쇄된다.

모발의 응집력에 기여하고 피질의 케라틴 섬유질을 유지하며 물리적, 화학적 힘에 저항력이 있고 표피층(cuticle)이 약해지면 응집력과 저항력을 잃어서 모발은 더 약해진다.

이 반투명의 세포막은 빛을 통과시키므로 모발이 상했거나 갈라졌을 경우 빛을 불규칙적으로 통과시키고 반사되므로 거친 느낌을 준다.

표피층의 세포를 살펴보면 3개 층으로 보이며 다음과 같이 구성되어 있다.

① 에피큐티클(epicuticle)

모표피의 가장 외층막으로 비늘 단백질이 견고하게 결합되어 있는 것으로 산소와 화학약품에 대한 저항이 가장 강한 층으로 알카리에 강하며 친유성이다.

② 엑소큐티클(exocuticle)

펌 등 케라틴 침식성 약품의 작용을 받기 쉽다.

③ 엔도큐티클(endocuticle)

가장 안쪽에 있는 층으로 친수성이며 알카리에 약하다.

(2) 피질층(Cortex)

피질은 모발의 75~90%를 차지하며 모발의 성질을 좌우하는 제일 중요한 부분이며 표피층과는 달리 부드러운 단백질(protein fiber)인 케라틴(keratin)으로 구성되어 있다. 이 단백질 사슬들은 서로 휘감아 원섬유가 되며 이 원섬유들은 서로 꼬여서 마이크로 섬유가 된다.

마이크로 섬유는 동일한 과정으로 매크로 섬유가 되는데, 이 매크로 섬유도 나선형으로 결합된다. 이 과정이 완결되면 모발의 피질이 형성되며 이 케라틴 체인은 모발을 팽팽하게 잡아 늘릴 때, 스프링처럼 끊어지지 않고 늘어나는 성질이다.

특히, 모발이 젖어 있을 때 잡아당길 경우 마른 모발보다 더 약해져서 손상이 발생할 수 있다.

피질에는 모발의 응집력과 모발색상을 결정하는 멜라닌 색소를 함유하고 친수성으로 화학약품의 작용을 쉽게 받게 된다(펌, 컬러링 등).

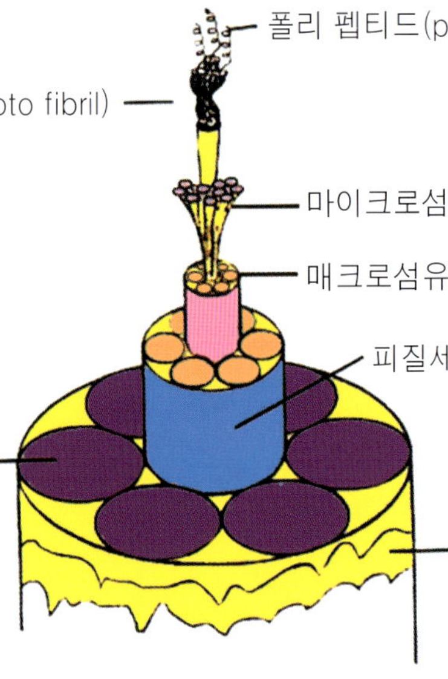

그림 1-4. 모발섬유의 구성

① **α 헬릭스**(α-Helix)

모발구조의 기본단위는 자연상태의 α 헬릭스이다(α 케라틴 폴리펩티드 사슬).

② Protofibril

α 헬릭스 사슬이 고도로 감긴 3가닥 꼬기 루프를 형성하는데, 이것을 프로토피블릴이라고 한다. α 헬릭스의 폴리펩티드 사슬의 3가닥 꼬기 배열은 시스틴 잔기에 인접한 폴리펩티드 사슬 사이에 주어진 공유성 교차 결합으로 서로 강하게 연결되어 있다.

③ Microfibril

3가닥 꼬기 로프(프로토피브릴) 11개가 모여서 마이크로 피브릴을 형성한다.

④ Macrofibril

마이크로피브릴이 모여서 매크로피브릴을 형성한다.

(3) 수질층(Medulla)

모발의 중심 부분이며 속이 비어 있는 동공으로 되어 있고 그 안에 공기를 함유하고 있다. 실제적인 기능적 중요성을 갖고 있지 않다고 단정하기도 하며 아직 정확하게 알려지지 않았다.

대다수 동물에는 이 수질이 털의 2/3를 차지하고 이 빈세포는 전열체(보온의 역할)의 작용을 하며 이 기능은 사람에게 아무 쓸모가 없어서 사라져 가며 태아와 유아의 모발 또는 초기모와 같이 부드럽고 가는 모발에서는 찾아볼 수가 없다.

6) 모발 케라틴의 특성

모발 케라틴인 α 케라틴의 폴리펩티드 사슬은 오른쪽 감기인 α 헬릭스 코일로 이루어졌으며 불용성이다. 코일은 3.6개의 아미노산 잔기가 5.4nm길이로 헬릭스의 장축을 따라 반복되는 구조단위로 비틀려져 꼬여 있다. 모든 펩티드 결합이 사슬 내에 수소결합을 만들며, 시스틴의 교차결합이 많이 있다. 종류에 따라 단단함과 유연성 정도가 서로 다른, 견고하며 불용성인 보호구조이다.

모발, 깃털, 손톱, 뿔, 말굽, 거북의 등껍질, 양모 등이 α 케라틴으로 구성되어 있다. α 케라틴의 시스틴 함량은 종류에 따라 다른데 가장 튼튼하고 단단한 α 케라틴으로 만들어진 거북의 등껍질은 18%에 이르는 매우 높은 시스틴 함량을 갖고 있다.

α 케라틴인 모발은 섬유상의 단백질로서 물리적 강도 뿐 만 아니라 신장성이 있으며 체온에서 pH 7.0인 물에 전혀 녹지 않는 성질도 두드러진 특징이다(페닐알라닌, 이소류신, 발린, 메티오닌, 알라닌과 같이 소수성 또는 물에 불용성인 아미노산을 많이 포함하고 있다). 화학적인 요인에도 아주 강한 편이나 충분히 농축된 산과 알카리에서 용해된다.

모발의 α 케라틴을 증기로 가열하면 정상적인 길이의 2배 정도를 늘일 수 있다. 늘어난 상태에서 모발의 α 헬릭스의 구조는 명주의 피브로인(β 케라틴)과 비슷하다. 이는 증기에 의한 가열이 α 헬릭스를 유지하는 수소결합을 파괴하여 코일이 보다 길게 늘어나는 것을 가능케 했기 때문이며, 냉각시켜 그 장력을 제거하면 자발적으로 본래의 α헬릭스로 되돌아간다. 이러한 특성을 미용에 응용한 것이 헤어세팅, 헤어드라이, 헤어펌 등이다.

(1) β 케라틴

실 모양의 불용성 단백질로 0.70nm의 주기성을 나타내며 지그재그 모양을 이루면서 뻗어있다. 인접한 폴리펩티드 사슬은 서로 수소결합으로 연결되어 있고 역평행의 방향으로 병풍구조의 배열을 이룬다. 부드럽고 유연한 섬유이며 명주, 거미줄이 β 케라틴으로 구성되어 있다.

(2) 모발의 케라틴에 견고성을 주는 결합

① 시스틴 결합

모발 케라틴에 가장 중요한 역할을 한다. 2개의 황원자로 구성되며 티오글리콜산과 과산화수소에 화학적으로 반응을 한다. 모발 케라틴은 황의 함유량이 4~5%인 반면, 피부는 0.5%의 황만을 함유하고 있다. 황은 항 전염성, 항 부패성, 해독성 요소이며 모발성장의 가장 큰 요인이다.

② 염결합

농축된 알카리에 반응하여 모발 케라틴을 유연하게 하고 부풀리게 한다.

③ 수소결합

모발의 폴리펩티드 체인에 끼어 든 물분자에 의해 끊어지면 모발이 부풀게 된다.

7) 모발과 호르몬

호르몬(Hormone)이란 "잠에서 깨어나게 하는 물질"이라는 그리스어에서 유래되었으며 내분비선에 의해 체액 중으로 분비되는 화학적 물질로 다른 장기의 기능에 대해 특이한 작용을 하는 것이다. 이러한 물질은 특정의 세포나 기관에서 만들어지고 혈액순환에 의하여 전신에 퍼지고, 만들어진 곳과는 멀리 떨어진 곳에 있는 특정한 조직이나 기관에 가서 그 기능이나 구조에 영향을 준다.

(1) 뇌하수체 전엽 호르몬

갑상선 자극 호르몬, 부신피질 자극 호르몬, 성선 자극 호르몬, 성장 호르몬이 나오며 이들 호르몬의 분비를 지배한다. 뇌하수체 호르몬에 이상이 생기면 탈모가 일어나는데, 호르몬의 직접적인 작용이라기보다는 다른 호르몬의 분비를 억제하거나 촉진시키거나 하는 간접적 작용에 의한 것이다.

(2) 갑상선 호르몬

티로신이라는 호르몬을 분비한다. 물이나 음식물에 함유된 요오드 화합물은 위나 장으로부터 쉽게 흡수되어 혈액중에 들어와 갑상선에 이르면 티로신으로 합성되는데, 뇌하수체 전엽의 갑상선 자극 호르몬에 의하여 촉진된다. 모발의 발육과 관계되는데 갑상선의 기능이 저하되면 모발은 유연하게 가늘어지고 퇴화된다. 반대로 갑상선 기능이 항진되면 모발의 성장은 양호해진다. 그러나 지나친 항진은 바세도씨 병을 일으키며, 탈모현상을 수반하기도 한다.

(3) 부신피질 호르몬

모발과 관련된 호르몬은 성호르몬과 같은 작용을 하는 것으로 여성의 경우에는 남성 호르몬(androgen)과 같은 물질이 여기에서 분비되므로 성모나 체모의 발생에 영향을 준다. 여성의 경우 체모가 짙거나 수염이 나는 것은 부신피질의 기능항진에서 오는 것으로 알려져 있다. 정상인의 경우 별로 성기능에 기여하는 바가 없으나 사춘기에는 분비량이 급상승하여 모발의 분포와 여성에서의 단백질 합성에 영향을 미친다.

(4) 성호르몬

① 여성 호르몬은 모발의 발육을 촉진시킨다.

- 난포 호르몬(estrogen) : 여성의 2차 성징에 관계한다.
- 황체호르몬(progesterone) : 배란에 뒤따라 분비되는데, 피부와 두피의 경우 피지의 분비를 촉진시켜 월경시 여성들의 피부, 모발이 일시적으로 지성화 되기도 한다.

② 남성 호르몬은 체모의 발육을 촉진하며, 피지분비를 촉진시켜, 지루성이 되기 쉽고, 과잉된 피지는 모근을 손상시켜 탈모를 일으킨다.

- 고환에서 만들어지는 남성 호르몬(testosterone)은 수염이나 흉모의 발육에 관계한다.

8) 모발의 색

모발의 자연색은 멜라닌 색소의 형태뿐만 아니라 양과 분포상태에 따라 다르다. 모발의 멜라닌 색소는 피부에 자연색을 갖게 하는 피부 멜라닌 색소와 같으며 모발의 색소구성은 2가지 유형의 멜라닌에 기인하며 유전적인 요인 하에 놓여있다.

(1) 멜라닌 색소의 형성

멜라닌의 형성은 티로신이라는 아미노산에서 출발한다. 첫 번째 산화작용에는 모구에 있는 생리학적 촉매제인 효소 티로시나제(티로신 산화효소)가 필요하며 티로신은 디하이드록페닐알라닌(dihydroxyphenylalanine = DOPA)이 되고, 다시 스스로 산화작용을 하여 디하이드록시-인돌(dihydroxy-indole)이 되고 중합된다. 즉 멜라닌 색소를 형성하는 분자의 증식이다.

생리학적 산화염료인 디하이드록시-인돌은 인체에 무해하고 잘 견디어내는 반면, 화학합성의 산화염료인 파라톨렌디아민(paratoluylenediamine)은 인체에 알레르기 현상을 일으키기도 한다.

Tyrosinase (산화작용의 생리학적 촉매제)
Tyrosine + O → Dihydroxyphenylalanine(DOPA)
↓
+ O = Melanine
중합화

(2) 멜라닌 색소의 유형

① 페오멜라닌(pheomelanine) 또는 분사형 색소(diffuse pigments)

덜 농축된 노르스름한 색과 아주 강하게 농축된 옅은 붉으스름한 색을 갖고 있다. 페오멜라닌의 형성은 생물체 내의 유기물 합성에서의 이탈이다. 페오멜라닌은 황을 풍부하게 갖고 있으며 황화아미노산의 고정은 노랑과 붉은 색소로 향한 생물체 내의 유기물 합성으로 향한다.

페오멜라닌을 많이 갖고 있는 사람들은 태양에 대한 피부의 멜라닌에 의한 보호가 약하여 태양광선을 쉽게 받아들이고 만성상해와 피부종양을 일으키기 쉽다. 마찬가지로 색소가 옅은 금발머리는 색소가 짙은 갈색머리보다 태양에의 노출에서 더 빨리 약화된다.

② 유멜라닌(eumelanine) 또는 입자형 색소(granular pigments)

적갈색에서 짙은 흑색까지 다양한 과립상의 형태로 존재한다.

동양인은 서양인보다 유멜라닌이 페오멜라닌 보다 많아서 모발색상이 어둡다.

표 1-2. 모발 견본 내의 eumelanine 농도

인종	eumelanine(%)
동양인 / 흑색모발	2.0
이태리인 / 갈색모발	1.1
아일랜드인 / 붉은모발	0.3
스칸디나비아인 / 금발	0.06
색소결핍	0

입자형 멜라닌(granuler)

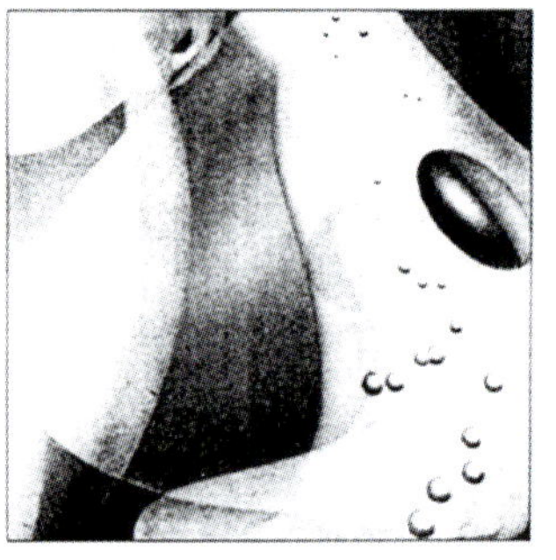

분사형 멜라닌(diffuse)

그림 1-5. 자연 색소제

(3) 멜라닌 색소의 특징

멜라닌의 역할은 외인성의 빛에너지를 분해하여 모피질 속으로의 유해물질의 유입을 중화시키고 막아 준다. 멜라닌 알갱이들은 모피질 전체를 통해 분산되지만 가장자리에 더 밀도가 높다. 전자현미경으로 관찰하면 검은색 색소는 길이 0.8~1.2㎛, 두께 0.3~0.4㎛의 쌀알 모양을 하고 있으며 매우 조밀한 표면을 나타낸다. 금발과 빨간 머리의 색소 알갱이는 더 많이 분산되어 있고, 더 작으며, 더 둥글거나 타원형이다. 모발의 자연색이 어떤 것이든 추출된 멜라닌은 갈색이며 인종에 따라 양은 크게 다르다.

멜라닌은 매우 밝은 노란색에서 흑갈색까지 변화하지만 일반적으로 거무스름한 색을 띤다. 물과 대부분의 용매제에 녹지 않으며 과산화수소에 닿으면 변화 한다. 멜라닌은 표피의 기저층에서 발견되는 멜라노사이트(melanocyte)를 모태로 생성되며 모수질은 약간의 색소를 포함하고 있으나 모유두는 전혀 포함하고 있지 않다. 멜라닌 색소는 모피질 안에서 케라틴과는 전혀 겹쳐지지 않은 채 아무렇게나 분산되어 있으며 동질의 구성도 아니다.

모발의 자연색조를 밝게 할 때에 멜라닌의 산화작용은 자연색소의 변형을 일으킨다. 탈색제는 특히 Eumelanine에 작용하며 탈색의 진행에 따라 점진적으로 수가 감소되며 Phaeomelanine으로 변화된다. 탈색의 진행에 따라 짙거나 옅은 붉은 반사색에 오렌지빛의 반사색 짙은 노랑에서 옅은 노랑의 반사색이 출현하며 마지막으로 미색의 반사색에 도달한다. 색소가 완전히 제거되었을 때 백금의 하얀색이 된다.

멜라닌에 의한 모발의 다양한 색은 다음과 같은 특징을 갖는다.

① 검은색과 갈색의 뉘앙스는 유전적인 근원이 같고 색조의 밝기는 멜라닌 색소의 양과 직접적으로 관련되어 있다.

② 색의 농도는 멜라닌 색소의 분포상태에 따라 검은색에서 노란색까지 다양하다.

③ 노란색과 붉은색의 뉘앙스는 검은색과 갈색의 멜라닌 색소 세포와는 유전적으로 다른 과정을 갖으며, 물리적이고 화학적인 특성도 다르다.

9) 모발의 물리적 특성

(1) 모발의 탄력성

모발은 마른 상태에서 20~30% 늘려지게 할 수 있다. 젖은 상태에서는 50%, 암모니아와의 접촉시에는 더욱 많이 늘려지게 할 수 있다. 모발의 탄력성은 열에 작용에 의해 사라진다. 그러나 늘어나는 30%를 넘지 않아야 원래의 형태로 돌아갈 수 있게 된다.

(2) 모발의 흡수성

모발의 단백질은 친수성이므로 수분을 흡수하는 성질이 있다. 모발의 섬유질 사이에는 구멍이 있어 수분은 그 안으로 흡착된다.

건강한 모발이 수분을 흡수하게 되면 15% 정도 부풀어오르고 1~2% 정도 길이가 늘어난다.

손상된 모발은 다공성 정도가 심하게 되어 수분의 흡수량도 많아지게 된다.

보통 정상모발은 마른 모발에서 무게의 10% 수분을 가지고 있고 샴푸 직후에는 30% 정도의 수분을 함유하고 있으며 드라이시 10% 이하로 떨어진다.

이 습기는 모발을 탄력성 있고 촉촉하게 해준다. 그러나 세팅이나 드라이 후에 지나친 습기는 웨이브의 형태가 없어지게 하므로 이를 유지하기 위해 세팅로션이나 스프레이를 사용해야 한다.

(3) 모발의 견고성

모발은 모든 기계적인 요인들에 대하여 매우 견고하며 모발을 끊기 위해서는 상당한 힘이 필요하다 모발의 파열량(=모발절단에 필요한 힘)은 나이, 인종에 따라 다양하며 화학적인 제품의 작용 후에 모발 파열량은 변화한다.

(4) 모발의 다공성

① 다공성은 모발의 섬유가 수분을 흡수할 수 있는 능력을 말하며 모발의 다공성이 클수록 더 많은 액체를 흡수한다.
② 모발은 염모제를 받아들이기 위해 어느 정도는 다공성이 있어야 한다.
③ 컬러나 펌하기 전에 마른 모발에 시술하는 이유중의 하나 이기도 하다.
④ 다공성에 수분이 가득 차 있어 제품이 들어갈 자리가 없기 때문이다.
⑤ 모발전체에 걸쳐 다공성이 고르지 않으면 컬러의 색조들이 고르지 않은 색상을 나타낸다

10) 모발의 pH

미용에 있어서 pH는 대단히 중요하다. 그러므로 현대미용 전문가라면 pH를 이해하여야 한다. 모발은 산, 알칼리에 의해 변화되므로 제품의 pH에 따라 모발의 손상 정도가 달라지고 회복될 수도 있다.

(1) pH란

pH란 측정단위로 어떤 용액이 산성인지 중성인지 아니면 알칼리성인가를 나타낸다. pH는 수분을 포함하고 있는 물질이 산성인지 알칼리성인지를 구분하는 단위이다. 어떤 용액이 산성 또는 알카리성이냐 하는 것은 그 용액이 포함하고 있는 수소 양이온(positive hydrogen ions)이나 수산화 음이온(negative hydroxide ions)의 수에 달려 있다. 물은 전기를 통하는데 물 1 *l* 를 전리하면 다음과 같다.

$$H_2O \rightarrow [H^2] + [OH^-]$$

수소이온$[H^+]$과 수산화이온$[OH^-]$을 가지는가를 측정한다. 순수물은 산성을 가리키는$[H^+]$와 알카리성을 가리키는 $[OH^-]$의 농도가 같아서 중성이다.

pH 눈금(pH scale)은 과학자의 의해 pH자를 만들어 pH측정기구를 고안하였다. pH 눈금은 0~14까지 있는데 7이 중성이고 7보다 작으면 산성이고 7보다 크면 알카리성이다. pH눈금은 각 수치마다 10배수로 증가하는 것을 의미한다.

pH 6은 중성은 7보다 10배나 더 산성이라는 것을 의미하고 6은 5보다 10배 덜 산성이라는 것을 의미한다. pH 5는 모발피부와 두피의 평균 pH이다. 그러므로 모발의 평균 pH에서 수치 1만 떨어진 pH 6의 제품을 사용하여도 그 제품은 실제로 10배 덜 산성이라는 의미로 이것은 큰 차이이다. pH 0은 중성인 7보다 1000만배(10×10×10×10×10×10×10) 더 산성이고, pH 14는 7보다 1000만배 더 알카리성이다.

(2) 산성의 특성

산성에 대한 모발의 저항력은 비교적 강하다. 모발층의 단백질은 산성에 대하여 수축작용을 함으로써 모표피의 응축 현상으로 표피층이 단단해진다.

① 알칼리로 중화할 수 있다.
② 신맛이 난다.
③ 산성 린스는 모발에 윤기를 주고 건강하게 하며 손질하기 쉽게 해준다.
④ 강한 산성이 아니라며 산성에 의한 모발손상은 아주 적은 편이다.
⑤ 산성막(acid mantle) : 피부 모발이나 손톱을 감싸고 있는 피지막은 약산성이다. 박테리아의 성장을 막아 주고 보호작용을 하면 화학적 손상과 모발 건조 등을 방지한다.

두피의 pH는 4.5와 5.5 사이(평균치)이다. 이것은 실제의 모발, 피부 또는 두피의 pH가 아니라 표면을 덮어 매끄럽게 만들고 있는 산성의 지방 분비물 보호막의 pH이다. 지방과 수성물질이 결합되어 있는 이 화합물을 산성막 이라고 한다. 이 산성막은 피부의 땀샘과 지방샘에서 생성된다. 산성막은 모발, 피부와 두피가 최적의 상태로 유지되도록 한다. 두피표면의 평균 pH는 4.8이다. 하지만 두피에서 떨어진 모발의 pH를 측정하면 pH의 수치가 증대된다.

긴 모발의 끝에는 산성막이 적게 도달한다는 것을 의미한다. 긴 모발은 끝으로 갈수록 약해지고 윤기가 없는데 이는 모발 끝에는 산성막이 적게 도달하기 때문이다.

(3) 알칼리성의 특성

알카리는 모발을 부풀려 팽창하게 하는데 pH수치가 높을수록 단백질의 염결합이 파괴되어 불안정한 상태가 된다. 약한 알카리에서는 모발의 유연함을 느낄 수 있고 알카리성이 강해지면 모발의 측쇄결합은 물론 단백질 자체도 분해된다.

① 산으로 중화할 수 있다.
② 쓴맛이 난다.
③ 건조해 보이며 손질하기가 나쁘다.
④ 산성막은 알카리성의 펌, 염색, 탈색과 같은 pH가 높은 제품이 모발과 접촉하는 경우에 파괴된다.

(4) pH 발란스

pH 발란스란 피부나 모발이 화학적인 처리 후 원래의 pH 4.5~5.5의 약산성으로 되돌아가게 해주는 것이다.

화학적으로 처리된 모발은 내부음전하의 균형을 잡기 위하여 보다 강한 산성용액이 필요하게 된다. 일반적으로 pH 발란스 제품은 피부의 산성막과 같은 효과를 준다.

컬러와 pH와의 관계은 같은 염모제를 사용해도 pH에 따라 발색 정도와 탈색 정도가 달라진다. pH가 낮은 상태(2~4)또는 높은 상태(9~11)에서 최대의 탈색 또는 염색정도를 얻을 수 있다. 그러므로 pH 2~4의 염모제는 산성 염모제이고 pH 9~11의 염모제는 알칼리성 염모제로 구분할 수 있다.

모발 염색에는 대체로 알카리성 용액이 요구된다. 알카리성 용액은 내부의 피질을 부풀게 하여 색소 분자가 모발에 착색되게 만든다.

(5) 컬러에 사용되는 화학제품의 pH

① 과산화수소(peroxide)는 산성 pH 3.0~4.0이다. 과산화수소는 펌과 염색의 산화제로 사용된다.
② 모발 탈색제(bleach)는 10.0~11.0이다. 표백제는 과산화수소와 혼합될 경우 모발의 멜라닌 색소를 제거할 정도의 알카리성으로 만든다.
③ 암모니아는 pH 11 정도이며 멜라닌색소 제거 과정을 돕는다.
④ 모발 염색(tint) 용액은 9.5정도이다.
⑤ 알카리성 제품을 시술한 다음에 산성 pH가 낮은 컨디셔너를 사용하면 pH를 중화시켜서 내부피질이 환원되고 외피가 단단하고 부드러워지게 된다.

II

모발염색의 역사와 색채이론

제2장 모발염색의 역사와 색채이론

1. 모발염색의 역사

모발염색의 역사는 기원전 3천년전부터이며 고대이집트인들의 흰머리를 커버하기 위해 검은 암소의 피와 거북의 등껍질, 헤나, 꼭두서니, 쪽, 자주빛 물감, 케르메스(연지벌레 말린 것) 등을 사용하여 붉은색, 파란색, 금색 등으로 염색했다는 기록이 있으며, 또한 미아라에서도 수염이나 모발에 식물의 잎을 이용해 물들인 흔적을 찾아볼 수 있었다.

눈썹을 염색하기 위해서는 여러가지 방법을 이용하였는데 그 중에 하나는 아편과 당나귀 간을 기름에 익혀 작은 경단모양으로 만들어 사용하였다.

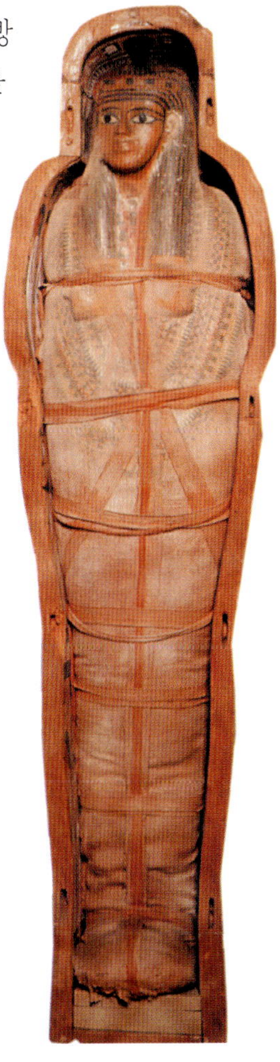

- 제3 왕조시기 세쉬여왕을 위해 미용사가 모발 성장제를 제조하였고, 대머리를 방지하기 위한 초기 처방으로 고양이, 뱀, 말, 악어와 야생염소에서 추출한 기름을 혼합한 것이 있었다.
- 중동아시아 및 앗시리아인은 화장품, 모발염색제를 사용하기에 있어서는 이집트인에 못지않았다. 남녀모두 눈썹과 속눈썹을 까맣게 칠하거나 염색하였다.
- 페르시아에서는 남자들은 헤나(Henna)로 수염, 두발 그리고 눈썹을 물들였었다. 수염은 컬(curl)을 하고 기름을 바르고, 때로는 가짜 우염을 덧붙여서 더 길게 보이게 했었다.
- 고대 그리스의 여성들은 금발을 신의 은총으로 여겼기 때문에 모발을 탈색시켰으며 로마제국의 귀족여성들 사이에서도 역시 금발의 매력이 대단해 염소의 기름, 딱총나무의 종유, 너도밤나무의 재, 카모밀(Ccamomile), 가성소다, 물푸레나무의 재 등을 사용하여 모발을 염색하였으며 불필요한 곳에 난 머리털은 탈모용 회반죽을 이용해 제거하기도 하였다. 남성들의 경우 납염 또는 호도주(호두의 속껍질) 등을 사용하여 검은색으로 염색하였다.
- 중세에서 17세기까지 적갈색 모발을 갖고 있던 베네치아의 여성들은 나트륨을 기초로 한 재료를 이용하여 모발을 감은 후 햇빛에 말려 탈색을 시켰으며 안티모니(Antimony), 인디고(Indigo)등 헤나(Henna)라는 식물의 잎을 갈아서 뜨거운 물과 향신료, 오일을 사용하여 팩을 만들어서 머리에 도포한 후 어두운 머리를 밝게 하기 위해 창은 넓되 뚜껑이 없는 소라나(solana)라고 불리는 모자를 쓰고 뜨거운 태양 아래에 앉아 몸을 보호하는 역활도 하고 모발에 색을 입혀서 염색의 가치를 발견하게 되었다.

- 르네상스 시대의 여성들은 오랑캐꽃에서 추출한 연보라빛 물질과 아이리스 가루에서 추출한 노란 물질을 모발에 발랐다. 염색은 보다 진보되었고 자연 헤나, 카모마일, 쪽 등을 사용하였다.
  그러나 모발염색이 본격적으로 미용의 한 부분으로 차지하게 된 시기는 19세기에 들어서면서 부터였다.
- 1818년 쟈크 테나르(Jacques Thenard)에 의해 발견된 과산화수소는 1860년과 1865년 Thiellay Hugot에 의해 탈색에 각각 사용되었다. 염색제+산화제의 혼합은 산화되어지는 침전물을 만들어 주고 조금씩 조금씩 효과가 나타나도록 해준다. 이러한 과정을 브란도브스키(Brandowski)의 이론이라고 한다.
- 1863년 호프만(Hofmann)이 처음로 페닐렌디아민을 발견하였는데 이것은 1883년이 되어서야 케라틴을 염색하기 위하여 사용되었다. 무기염류와 유기염류의 유도체를 기본으로한 파라페닐렌디아민이 출현하였으나 1951년 사용이 금지되었으며, 다수의 유도체들(파라아미노페놀, 디아미너페놀, 파라토뤼렌디아민)로 대체되었다. 1883년 파리의 모네회사의 모네가 P.P.D를 이용한 모발염색의 기초를 마련하였다.
- 1907년 유젠슈엘르(Euge'ne schueller)라는 프랑스의 한 젊은 화학자가 모발을 위한 합성염모제를 개발하면서 발전하였다.
- 1925년 산화염료를 주원료로 하는 염색약들이 개발되기 시작했다. 과학적인 염색법이 첫 발을 내디디기 시작한 것이다.
- 1936년 크림타입 염모제가 출시되었다.
- 1950년 세계적으로 염색이 널리 알려지기 시작하면서 혁신적이었다.
- 1955년 흰머리 커버력이 향상된 염색약이 출시되었다. 우리나라 염색제의 시작은 50년대말 염료를 끓여서 사용한 보일링(boilling) 타입의 제품이었다.

- 1960년 2제형 염색제로서 양귀비처럼 물에 타서 사용하는 분말(power)타입의 제품이 생산되었는데 이것은 쉽게 탈색되고 강한 암모니아 냄새와 두피에 부작용을 일으키는 단점을 지니고 있었다.
- 1970년 각 나라 모발타입에 따라 다양한 시리즈가 추가 발매되기 시작하였다.
- 1980년 약국에서 판매하는 가정용 염색제와 살롱 전문가용인 크림타입으로 시장이 세분화되었고 크림타입의 외국 헤어 전문브랜드 염모제가 국내에 들어오기 시작했다. 중반부처 본격적인 컬러 TV 시대와 더불어 소득향상, 미에 대한 관심이 고조되면서 염색약은 더 이상 단순한 흰머리 커버의 기능에 그치지 않고 모발에 변화를 주기 위한 컬러로 각광받기 시작했다.
- 1990년 초에 들어서면서 우리나라는 연예인이나 모델들을 중심으로 모발염색이 급격히 유행하기 시작하였다. 색상도 6~9가지에서 불과 1~2년(1996~1997) 사이 25~35가지의 색상으로 늘어났으며 새로운 도포 테크닉이 발달하고 또한 여러 외국브랜드의 염모제가 들어오기 시작했다.
- 오늘날 헤어컬러링은 우리나라 여성의 약 50% 정도가 염색을 할 정도로 선호하며 여성들뿐만 아니라 남성들도 자연스럽게 컬러문화를 받아들이고 있다.

  헤어 컬러링은 개성을 반영하면서 유행에 뒤떨어지지 않고 또한 의상과 메이크업, 헤어스타일과 함께 자신만의 이미지와 분위기를 연출하는 토탈 패션의 한 장르가 된 것이다. 오랜 역사 동안 염색이 사회적 종교적인 이유로 이어져 내려오며 많은 여성들이 염색을 하는 이유에 대한 질문에 대하여 인류문화가 존재하는 한 염색의 역사는 계속 발전되며 이어져 나갈 것이다.

2. 모발염색과 색채이론

고객의 모발에 염색제품을 사용하기 전 반드시 염색소에 관한 이론을 이해하여야 한다. 색상에 관한 이론 지식만이 색상 문제의 해결에 있어 각 상황에 맞는 올바른 색의 공식을 적용하여 표현할 수 있다.

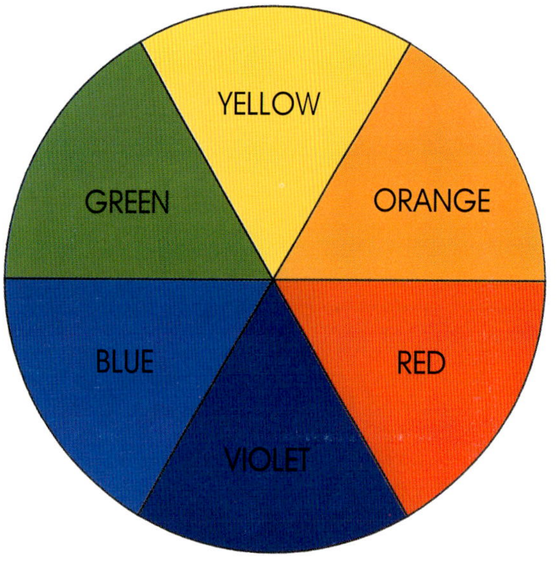

1) 색

색이란 빛의 광선의 움직임에 의해 생기는 것이다. 빛이 물체에 닿을 때 일반적으로 3가지 현상이 일어난다. 첫째, 유리와 같이 투명한 물체에 닿으면 빛은 물체를 통과한다. 둘째, 모든 반사시키는 물체는 흰색으로 보인다. 셋째, 모든 빛은 완전히 흡수하는 물체는 검은색으로 보이고 빛은 열로 변화된다.

그러나 빛의 전파와 반사가 모든 빛에 같은 방법으로 영향을 미치는 것은 아니다. 선별성의 표면은 어떤 방사선들을 우선적으로 흡수한다. 우리가 비 투과성의 물체를 바라볼 때 반사된 빛을 감지할 수 있다. 이 빛은 흡수되지 않은 방사선들을 포함하고 있다. 만일 파랑과 초록의 방사선을 흡수한다면 물체는 우리에게 빨간색으로 보이게 될 것이다 이렇듯 회색의 물체는 모든 방사선들을 흡수한다.

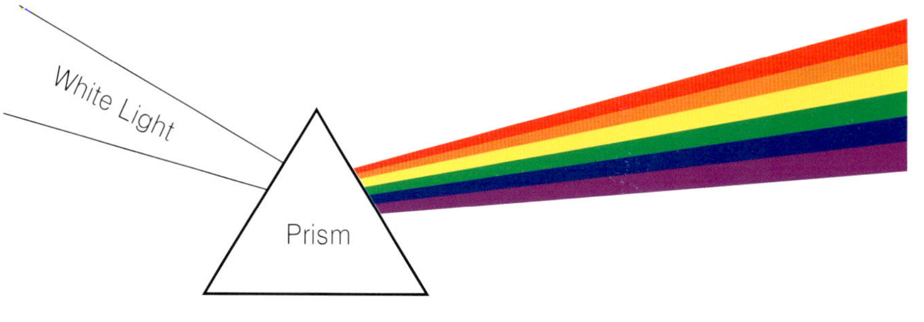

(1) 빛과 모발색상

햇빛이 모발의 색상을 어떻게 변화시키는지 알아보도록 하자.

햇빛은 모발 안에 있는 자연색소의 활동을 억제하거나 그 기능을 못하게 함으로써 모발의 색상을 밝게 해준다.

어떠한 요소들로 인해서 우리의 모발 색상이 바뀌는지 알아보도록 하자.

우리가 보는 자연모발의 색상과 그 안의 자연 색소는 유전적으로 결정되므로 우리가 마음대로 변형시킬 수 없다. 그러나 모발이 햇빛에 노출되었을 때는 그 색상을 밝게 해 주기 때문이다. 이것은 단지 햇빛으로 인해 모발색상이 더 환하게 밝아진것 일 뿐, 산화작용을 통하여 색소가 탈색되었다거나 어떠한 색소를 모발 속으로 넣어줌으로써 나타난 결과는 아닌 것이다.

2) 기본색(삼원색)

가시광선에는 3가지색이 있다. 이색들을 3원색이라 하며 다른 색과 혼합해서는 만들 수 없으므로 '기본색' 이라고 한다.

(1) 기본색상(1차색, Primary colors)

빨강, 파랑, 노랑 3원색을 혼합하여 어떠한 색도 만들 수 있는 특징이 있다.

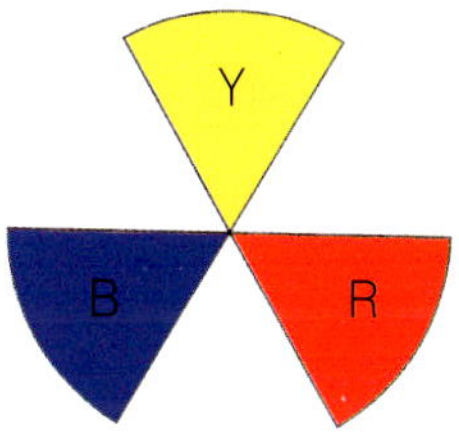

(2) 기본색의 혼합(2차색, Secondary colors)

빨간색 + 파란색 = 보라색
노란색 + 빨간색 = 주황색
파란색 + 노란색 = 초록색

기본색이 2차색과 혼합되면 6개의 3차 색이 추가로 만들어진다.

노랑 + 파랑 = 초록

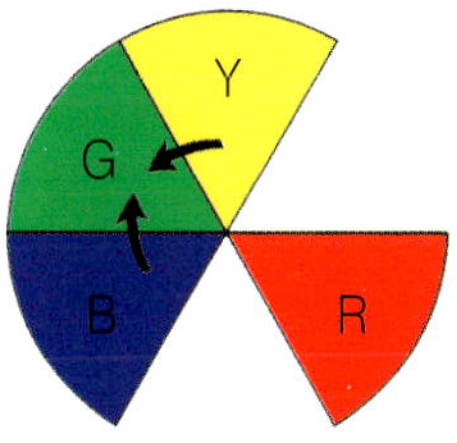

빨강 + 노랑 = 주황

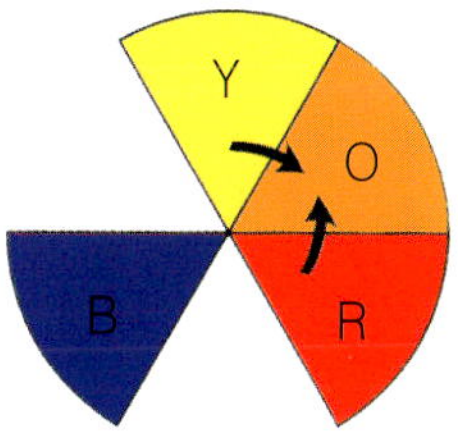

파랑 + 빨강 = 보라

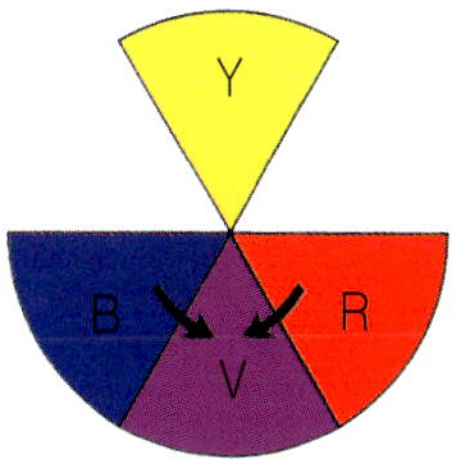

(3) 기본색 2차색(3차색, Tertiary colors)

빨간색 + 주황색 = 주홍색
빨간색 + 보라색 = 적자색
노란색 + 주황색 = 등황색(옅은 주황)
노란색 + 초록색 = 연녹색
파란색 + 보라색 = 청보라색
파란색 + 초록색 = 청록색

그러므로 기본 3원색을 포함한 12가지색들이 만들어 질 수 있으며 그 외도 계속해서 혼합하게 되면 수많은 색상이 만들어질 수 있다.

하지만 빨강, 파랑, 노랑 3원색이 섞어지면 색채학에서는 흑색이라고 표현하지만 실제적으로 염색약을 혼합하게 되면 흑색에 가까운 갈색으로 만들어지는 것을 볼 수 있다.

3) 보색(Complementary colors)

보색이란 색상환 안에서 서로 반대되게 위치해 있는 어느 두 가지 색을 말한다. 이들 둘을 혼합하면 이들은 서로를 중화시키는 작용을 한다. 예를 들면 같은 양의 빨강과 녹색은 서로를 중화시켜서 갈색을 만들어 낸다. 주황색과 파랑도 서로를 중화시키고, 노랑과 보라 역시 서로를 중화시키는 작용을 한다. 보색은 항상 기본색 하나와 2차색 하나로 이루어진다.

유사색은 차분하며 정적인 표현이 가능하고 보색은 활동적이며 발랄한 표현이 가능하다.

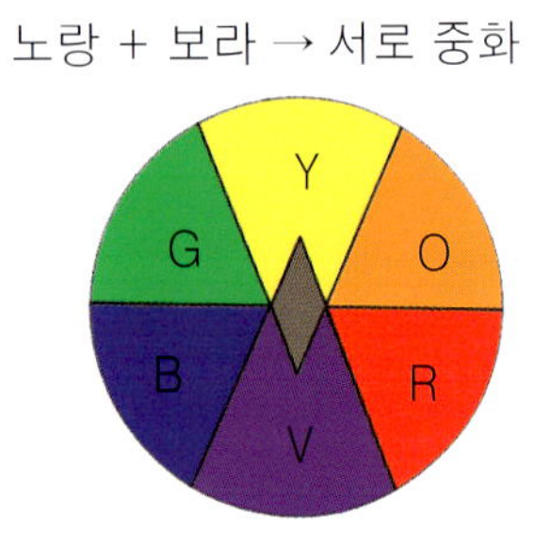

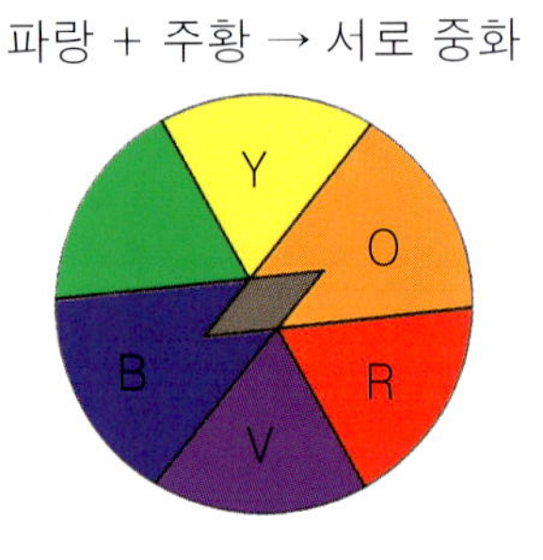

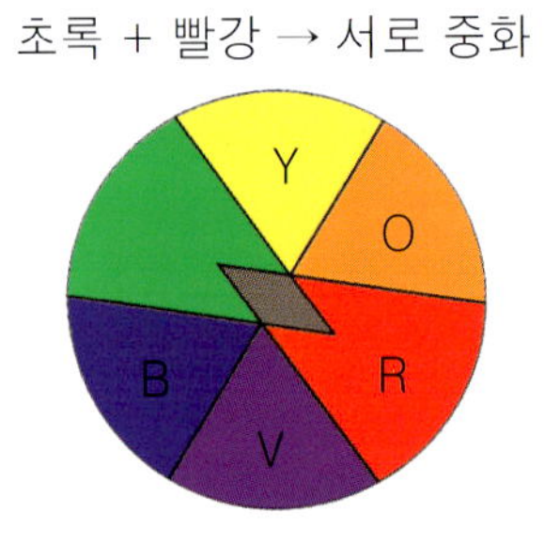

4) 색의 3요소

모든 색은 고유의 성질과 특성을 갖고 있으며 이러한 색의 속성을 결정짓는 3대 요소인 색상, 명도, 채도를 '색의 3요소'라고 한다.

(1) 색상(Hue)

색의 흰색, 회색, 흑색같이 색을 갖지 않는 무채색과 빨강, 주황, 노랑 등 색을 갖고 있는 유채색이 있다.

이러한 유채색은 무지개처럼 분류해서 잘 배열하면 색상환이 된다.

(2) 명도(Value)

채색과 유채색의 공통점은 밝음과 어둠을 가지고 있는 점이다.
명도란 색의 밝기의 정도를 말한다.

(3) 채도(Chroma, Saturation)

색의 순수성 또는 선명도를 말하며 원색은 채도가 가장 높은 것이다. 채도가 낮아질수록 색깔의 선명도가 흐려져서 차츰 무채색이 된다.

5) 색의 상징적 의미

색의 조화는 각각의 색의 정신 물리학적 의미가 매우 중요하며 우리의 마음에서 느껴지는 정서적인 반응과 규칙에 의한 사회적 규범을 반영한다.

(1) 빨강(Red)

주황에서 빨강으로 변화하는 매우 복잡한 느낌이 든다. 감각적으로는 주황과 같은 느낌을 갖지만 주황색에서 멀어질수록 완화된다. 어두운 빨강에 이르면 파랑색과 같이 수동적인 느낌을 주지만 어두운 파랑의 차가움을 떠오르게 하지는 않는다.

⇨ 사랑, 정열, 애정, 야망, 위험, 혁명, 격정적

(2) 주황(Orange)

가장 활동적인 색으로 지각된다. 불, 부, 삶, 환희, 태양을 떠오르게 하며 열기, 상냥함, 매력 등의 느낌을 환기시킨다.

⇨ 흥분 활동, 성취, 온화 약동, 젊음

(3) 노랑(Yellow)

본질적으로 활동적인 색이지만 자유분방한 활동성이고 명확하게 한정적인 성격을 갖지 않아 감각기관에서 정보의 지각을 불안하게 하고 혼란스럽게 한다. 노랑은 강력한 활농력과 강한 개성을 제외하면 주황과 거의 같은 의미를 갖는다.

⇨ 행복, 교만, 영광, 신성, 병약, 금, 앙금

(4) 녹색(Green)

파랑과 노랑의 중간 느낌으로 평화를 느끼게 하지만 복합적인 나태, 정체, 모든 것을 간직하는 복잡한 활동력을 갖고 있어 시간이 경과함에 따라 나쁜 영향을 끼친다.

⇨ 휴식, 신선함, 평화, 청춘, 활기, 공평, 삶

(5) 파랑(Blue)

차가운 색으로 지각되며, 무력증과 무관심과는 다른 조용하고 평화로운 의미를 나타낸다. 파랑색은 고독한 경향이 있고, 면밀하면서 수동적이고 차가운 성격을 갖은 사람이 좋아하는 색이다.

⇨ 정직, 이지, 고요, 신비, 총명, 침착, 긴장의 완화

(6) 보라(Purple)

파랑과 빨강의 중간인 보라는 두 색의 느낌이 갖는 특별한 활동성에 의해 특징 지워진다. 서로 보충하는 동시에 서로 충돌한다. 빨강에서 열의 잔여를 파랑에서 차가움을 떠오르게 한다.

➩ 장중함, 고귀, 우아, 장엄, 고독, 신비, 애상

(7) 흰색(White)

➩ 희망, 순결, 냉정, 순수, 고상, 정신주의

(8) 흑색(Black)

➩ 죽음, 엄격, 적막, 불길, 정밀, 예식

(9) 갈색(Brown)

➩ 우연성, 자연스러움, 친근, 겸양

컬러 브라이트너(Color Brightener) 중화

파랑색 브라이트너 → 주황색을 중화시킴
보라색 브라이트너 → 노랑색을 중화시킴
빨강색 브라이트너 → 초록색을 중화시킴
주황색 브라이트너 → 파랑색을 중화시킴
노랑색 브라이트너 → 보라색을 중화시킴
초록색 브라이트너 → 빨강색을 중화시킴
하얀색 브라이트너 → 모든색을 중화시킴

컬러 스펙트럼(Colour spectrum)

색의 3원색
갈색 = 파랑 + 노랑 + 빨강

세가지 원색을 섞었을 때 항상 브라운 색이 나타난다.
원색과 보색을 섞었을 때 색상들은 서로 중화된다.

예를 들면, 만일 모발이 너무 오렌지 색이라고 느끼면 차가운 색을 만들기 위해 재색을 추가한다.
만일 모발이 너무 금색이라고 느끼면 놋쇠 빛깔 톤을 지우기 위해 보라색 .2를 추가한다.

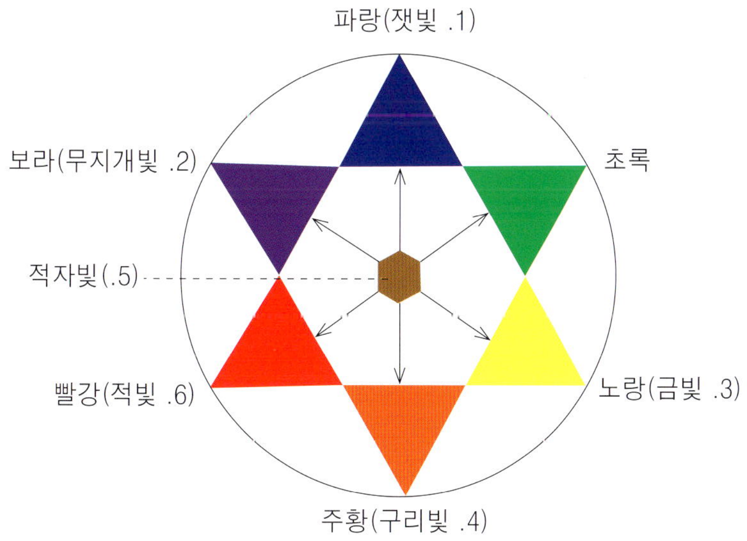

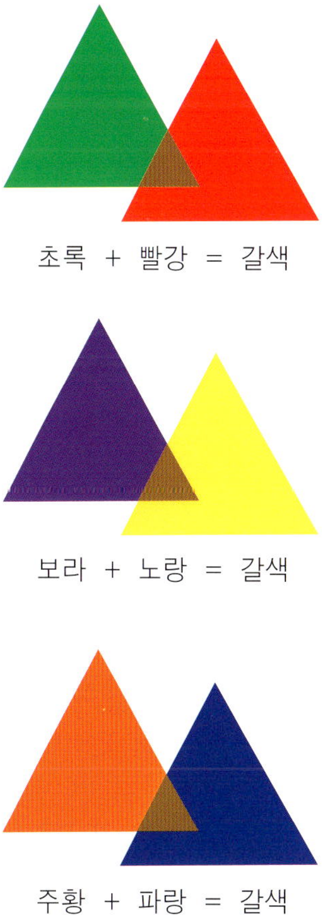

III

모발염색의 정의와 분류

제3장 모발염색의 정의와 분류

1. 모발염색의 정의

모발염색은 모발의 본래의 색을 변화시키는 것으로 인간의 욕구에 의해 인공적인 색으로 아름다움을 수정하여 표현하는 것이다.

① 자연의 모발 색에 더 매력적인 색을 찾고자 인공색소를 착색시킨다.
② 이미 염색된 염색모발에 다른 색으로 바꾸고자 할 때 한다.
③ 노화된 흰머리를 원래의 색으로, 즉 백모염색 할 때 한다.
④ 미리 탈색된 모발에 인공색소를 착색할 때 한다.
⑤ 염색 후에 본래의 본인의 색으로 다시 돌아가고 싶을 때 한다.
⑥ 염색한 모발에 새로 자란 신생모 부분에 재염색할 때 한다.

2. 모발염색의 분류

1) 일시적 염모제(Temporary color)의 특징

일시적으로 인공적인 가벼운 착색, 수정 가능하며 다음 샴푸시에 제거된다.

- 시술이 간편하며 여러 가지 컬러로 하이라이트를 줄 수 있고 일시적인 커버력이 있다.
- 모발의 멜라닌 색소를 변형시키지 않고 모발 표피층에 착색된다.
- 특별한 날 의상과 메이크업에 맞추어 부분컬러로 코디하여 변화를 줄 수 있다.
- 지나치게 밝게 빛나는 모발을 가라앉힐 수 있다.
- 샴푸를 한 후 젖은 모발 위에 도포 하는데 세팅, 브러싱 등 모든 모발손질 전에 시술할 수 있다.
- 빗질, 마찰 땀, 빗물 등의 의하여 쉽게 지워진다.
- 컬러링을 원할 때 바로 사용할 수 있게 준비된 것으로 화학적 작용은 하지 않는다.
- 순하고 안전한 염색제이며 암모니아 산화제가 들어 있지 않아 모선의 손상이 없다.
- 알레르기 반응검사를 하지 않아도 된다.

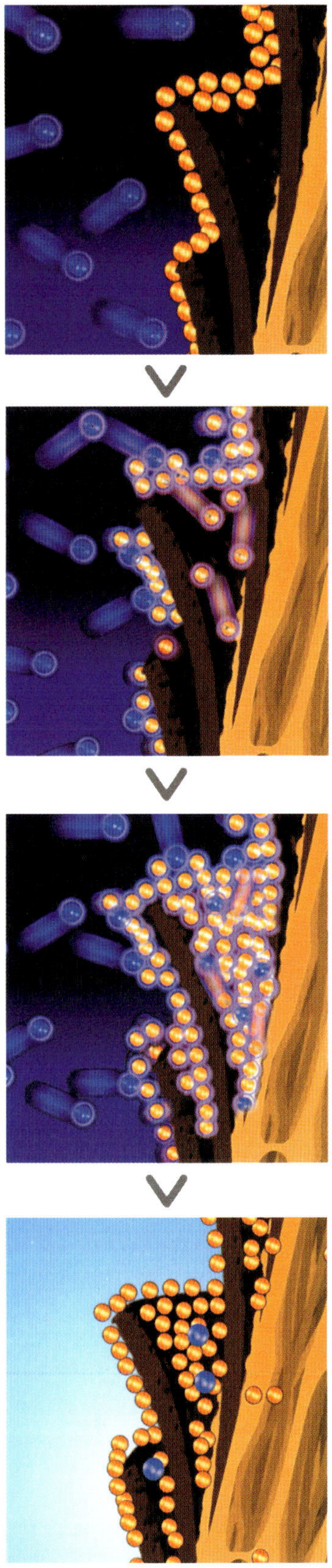

(1) 일시적 염모제의 종류

① 컬러 마스카라

모발에 단순히 색을 입히는 것으로 컬러변화 효과를 주기 위해서 먼저 원하는 부위의 모발을 일정량 잡아 마스카라를 발라주면 된다. 짧게 빗어 주듯이, 긴 모발은 원하는 컬러를 잡아 모근에서 끝까지 쓸어내리듯이 빗는다. 모발을 완전히 말린 후에 촘촘한 빗으로 강하게 빗으면 색이 떨어질 수 있으므로 이점을 유의한다.

② 컬러 스프레이

여러 번 바를수록 색이 선명하고 진해 보이기 때문에 원하는 정도에 따라 조절할 수 있다. 부분적으로 사용하기보다는 모발 전체에 광범위하게 도포하는데 더욱 용이한 타입이다. 무스처럼 색소의 혼합을 위해 10회 이상 충분히 흔들어서 사용하도록 한다. 아울러 마른 후에는 가급적 빗질을 피한다.

③ 컬러 젤

젤 타입의 제품으로 사용 방법은 무스와 유사하다. 마치 스타일 젤을 이용해 원하는 헤어 스타일을 만들 듯 원하는 부위에 발라서 건조되기 전에 브러쉬나 손으로 마무리하면 된다. 모발 전체에 바르기보다는 모발을 잡아 연출하는 것이 훨씬 자연스럽다. 컬러젤 역시 비누나 샴푸로 쉽게 제거되기 때문에 다양한 컬러 변신이 가능하다.

④ 컬러 무스

가라앉은 색소의 혼합을 위해 10분 정도 충분히 흔들어서 사용하는 것이 좋다. 전체적으로 자연스러운 명암을 줄 때는 모발 전체에 골고루 바른 다음 완전히 건조되기 전에 살짝 빗질을 해주면 된다.

부분적으로 포인트를 줄 때는 꼬리빗이나 손끝으로 머리카락을 몇가락 가르고 무스의 거품을 소량 분사시켜서 부드럽게 발라주면 마치 블리치를 한 것처럼 자연스럽게 마무리된다.

⑤ 컬러 샴푸 · 컬러 린스

모발의 색을 고착시키기 위해 물과 혼합된 염색제를 린스제로 사용하며 다음 샴푸때가지 일시적으로 색상이 유지된다. 크림이나 젤, 무스형태로 사용된다.

⑥ 컬러 크레용

비누나 합성 왁스를 혼합해서 착색시킨 막대 모양의 제품이다. 부분 염색이나 새로 잘라난 모발에 리터치, 그리고 새치 커버용으로 많이 사용 된다.

⑦ 컬러 파우더

분말 착색제로서 모발에 부분적으로 사용된다. 컬러 파우더는 색상뿐 아니라 광택을 내는 펄이나 반짝이 가루를 포함하고 있는 것도 있다.

(2) 일시적 염모제의 구성성분

- 염색소 : 다른 염색제의 구성성분과 같다
- 용해제 : 염색소의 용해를 쉽게 한다.
- 알코올 : 빠르게 건조시킨다.
- 유연제 : 빗질하기 쉽게 한다.

2) 반영구적 염모제(Semi-permanent color)의 특징

반영구적 염모제는 일명 산성 컬러(acid color)라고도 부르며 모발의 기본구조를 변화시키지 않으며 모표피에 막을 약간 입힌다. 반영구적 염모제는 2~6주 동안 지속되며 샴푸에 횟수에 따라 지속성이 차이가 있다(15~20회).

제 1제로만 구성되어 있으며 약산성 제품으로 모발에 손상을 주지 않는다. 유행에 민감한 사람이나 색상에 실증을 자주 느끼는 사람에게 좋다.

① 특별한 준비 없이 바로 사용할 수 있으며 산화제가 필요 없다.
② 코팅컬러, 산성컬러가 여기에 속하며 제 1제만으로 구성되어 있어서 직접염색이라고도 한다.
③ 모발의 색소를 변형시키는 것이 아니라 첨가하는 것이다. 모발 케라틴과 친화력이 있다.
④ 샴푸할 때마다 점차적으로 색상이 빠지며 횟수에 따라 차이는 있으나 보통 2~6주 후에는 사라진다.
⑤ 모표피에 침투, 흡착되어 염색되므로 같은 색상이나 더욱 어둡게 또는 탈색 하여 하이라이트로 포인트 컬러를 할 수 있다.
⑥ 백모는 10~30%까지 커버하거나 부분적으로 조화시킬 수 있다.

(1) 반영구적 염색제 종류

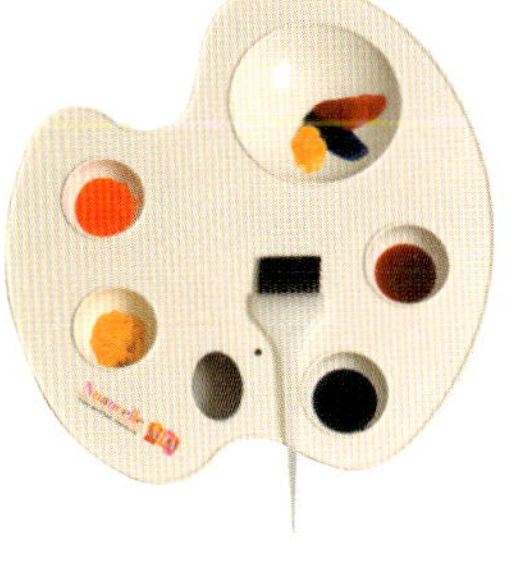

① 산성컬러(코팅)

제1로만 구성되어 있으며 산성컬러를 반복 시술하면 모발이 건조해지고 뻣뻣해지는 단점이 있다

예) 뉴앙셀, 스포트라이트

② 코팅펌

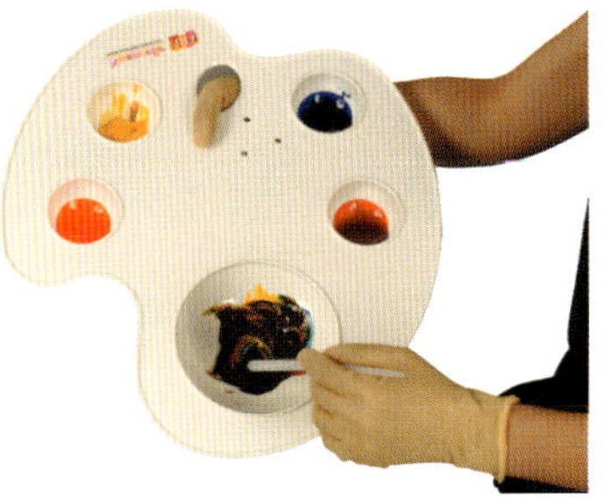

코팅펌은 헤어디자이너가 개발한 우리나라만이 가지고 있는 기술과 상품이다.

펌제는 알카리이고 코팅은 산성이므로 두 제품을 섞으면 펌제의 알카리 pH가 낮아져서 펌의 컬을 늘어지게 하므로 펌약 100ml에 코팅제의 비유이 10 : 1 이 적당하며 코팅만 했을 때보다 컬러가 선명하게 되는 것은 펌제의 암모니아 성분이 모표피를 열어 주어 모피질 안으로 색소가 침투되어 착색되기 때문이다. 요즘에는 펌제에 섞어 쓰는 코팅제가 따로 개발되었다.

(2) 반영구 염색제의 구성성분

- 용해제 : 염색소를 용해시킨다.
- 양이온 계면활성제 : 모섬유에 착색되도록 한다.
- 염색소 : 반사색을 준다.
- 기포제 : 염색제의 사용을 편리하게 한다.
- 유연제 : 모발을 매끄럽게 한다.
- 촉진제 : 모섬유를 부드럽게 한다.

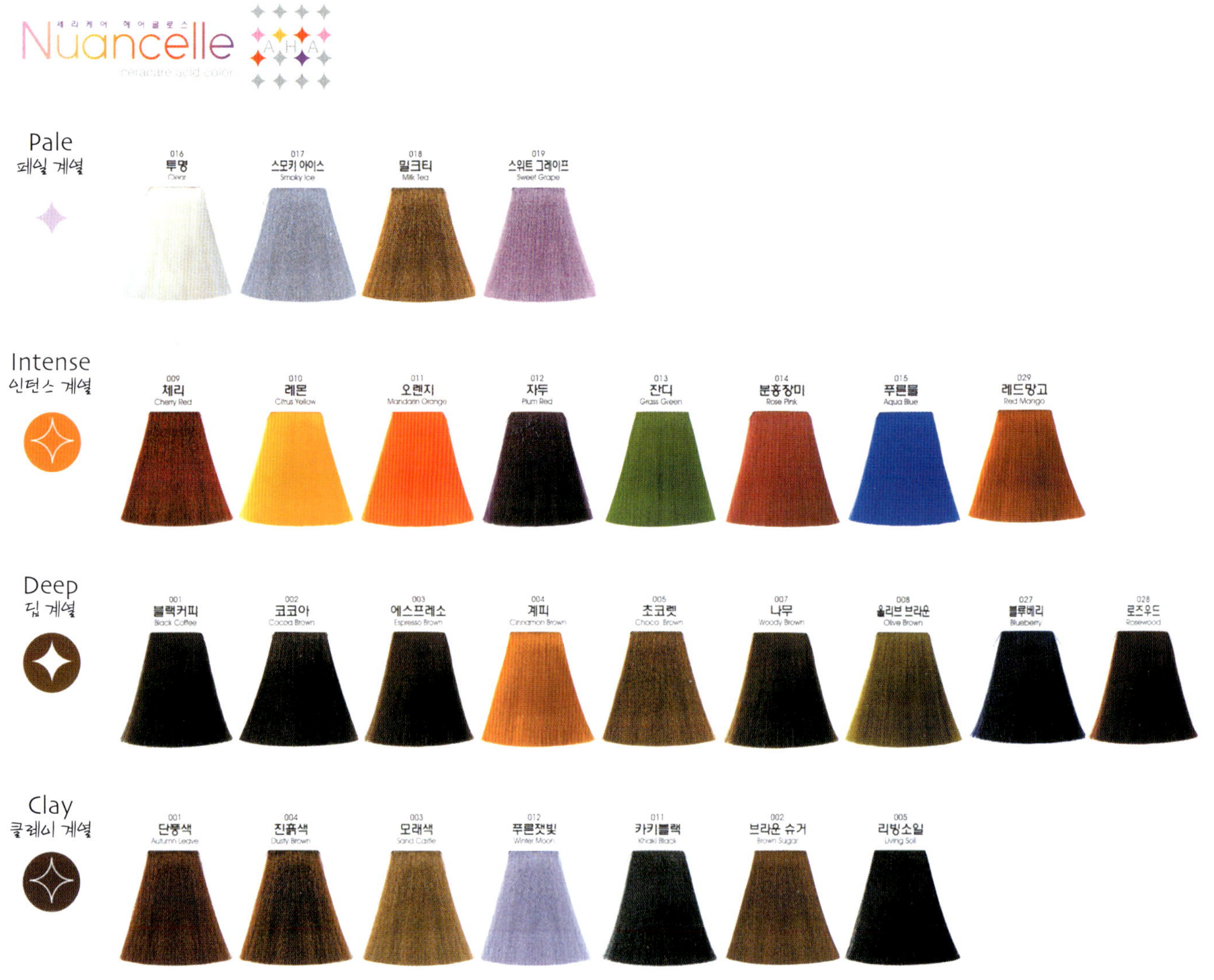

반영구적 염색 시술과정

1

2

3

4
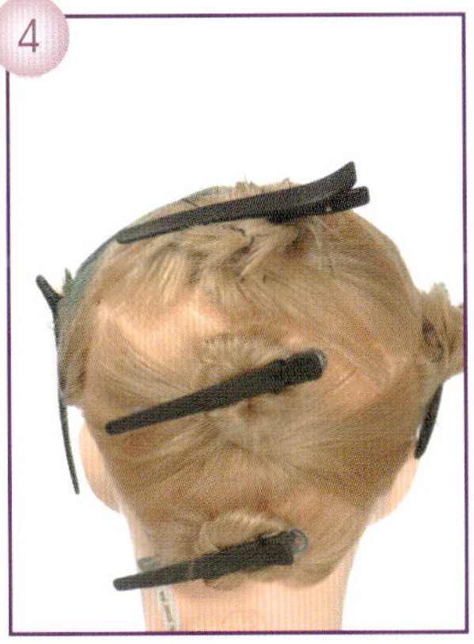
5
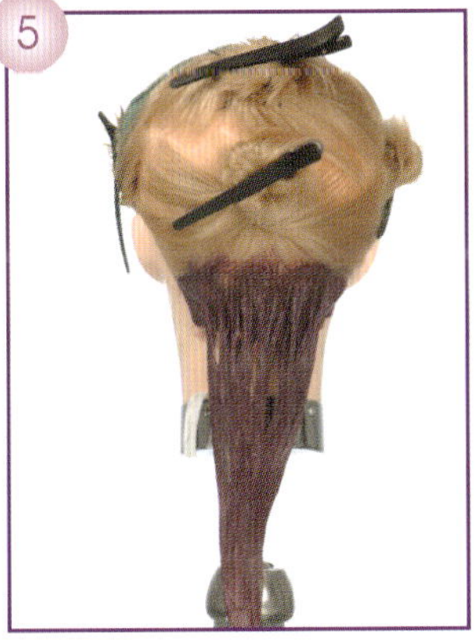
6

7

8

9

10
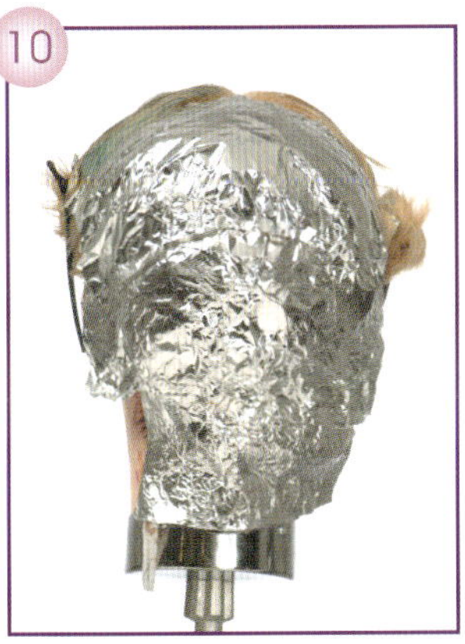
11

12
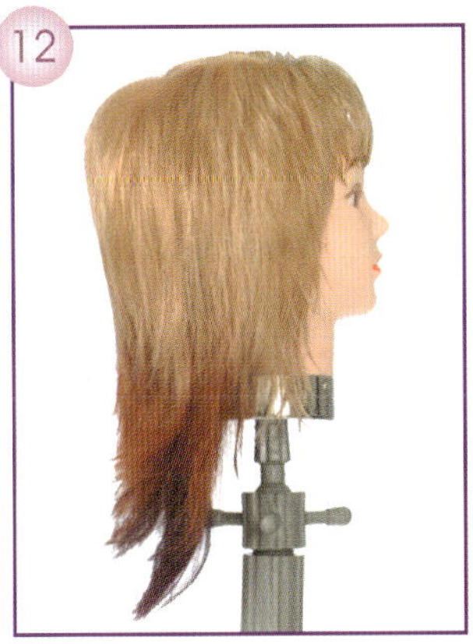

3) 영구적 염모제(Permanent hair coloring)의 특징

영구적 염색제는 모표피(cuticle)를 침투하여 모피질(cortex)안에 분자를 침전시키도록 만들어졌다. 침투와 산화제의 추가 작용으로 인해 이들 염색은 탈색도 시키고 착색도 시킨다.

- 모발의 자연색소 위에 작용하여 인공색소로 바꾸어 준다.
- pH의 약알카리이다.
- 모발이 달라붙지 않게 한다.
- 두피를 자극해서는 안 된다.
- 모발의 물리적인 성질이 근본적으로 바뀌어서는 안 된다.
- 외부적인 요인에 의해 변질되어서는 안 된다.

Majirel

(1) 영구적 염색제의 종류

① 식물성 염모제

주로 꽃이나 식물에서 추출한 염료를 사용한 염모제로서 부작용이 거의 없으나, 자주 사용할 때는 모발이 건조해지고 뻣뻣해지는 단점이 있다.

가. 카모마일(Camomile)

카모마일은 중앙이 노란 백색꽃으로 데이지와 유사한 꽃으로 나타내는 색은 황금색이다. 이것을 물로 혼합하여 모발에 바르면 큐티클층에 흡착되어진다.

나. 헤나(Henna)

열대성 관목인 "Lawsonia inermis" 라는 학명을 가진 1~3m의 키로 자라는 나무의 이름이며 이 식물의 잎을 따서 말린 다음 가루로 만든 것을 헤나(HENNA)라고 한다.

5천년의 역사를 가지고 있는 헤나는 살균효과와 체온을 내려 주는 효과가 있어 피부병의 예방, 지혈, 부스럼 등의 약재로 쓰여져 왔고, 예로부터 여인들의 모발 트리트먼트제,모발의 염색과 문신을 위한 천연 염료로 활용된 자연이 준 순수한 재료이다.

헤나는 주로 인도, 북아프리카, 이란, 네팔 등지에서 자생하는데 그 중 물과 토양, 기후조건이 가장 적합한 곳은 인도의 "라자스탄" 지방이다. 따라서 라자스탄의 헤나가 가장 고품질로 평가받고 있다. 한국을 대표하는 특산품에 인삼이 있듯이 "헤나"는 인도를 대표하는 특산품이라 할 수 있다.

문명이 발달된 현대인들에게 있어서 중요한 염색의 조건은 "아름다움"과 "인체의 무해성"이다. 화학염모제의 사용으로 머리결 손상뿐 아니라 눈, 두피, 피부 또 인체에 악영향을 주는 것이 상시화 되면서 순수한 천연 재료 염모제인 헤나는 국내외 많은 사랑을 받고 있다. 헤나의 잎 속에는 로오소니아(Lawsonia)라는 성분이 들어 있어 모발의 단백질(Karatin)과 결합하여 머리카락에 흡착되어 염모효과와 트리트먼트효과, 코팅효과를 만든다.

기존의 화학 염색과는 상이한 방법이다. 기존의 화학염색은 머리카락의 모피질이라는 층이 있는데 그곳의 멜라닌이라는 색소를 탈색이라는 과정을 통해 파괴시킨 후 새로운 컬러를 집어 넣는 것이기 때문에 머리결에 많은 손상을 주게 된다. 그러나 헤나는 머리결 손상없이 건강하고 윤기있는 모발과 우리 몸에 순수함을 전해주는 염색제이다.

헤나 사용방법

색상	캡 씌우고 열처리	캡 제거후 방치시간
내츄럴 레드	15분	25분
내츄럴 오렌지	15분	15분
내츄럴 브라운	15분	25분
연한 브라운	15분	15분
내츄럴 블루	15분	15분
내츄럴 허브	15분	10분
뉴트랄	15분	10분

준비물

헤나, 플라스틱 용기, 계란거품기, 티슈, 랩 또는 비닐모자, 고무장갑

염색준비

1. EXTRA 헤나를 개봉 짧은 머리는 50g 단발머리는 75g, 긴 머리는 100g에
2. 물의양은 헤나의 약 3.5배 정도가 되게 온수로 갠 후 바로 사용한다.

염색방법

1. 머리빗을 사용하여 머리앞쪽중앙부터 → 양옆 → 앞쪽 → 뒷목덜미 순으로 모근 쪽에서부터 머리끝 부분까지 골고루 충분히 도포해 주세요.
2. 헤나 도포 후 랩이나 비닐 캡 등으로 (랩 쪽이 더욱 유리) 머리를 감싸 공기를 완전히 빼주세요.
3. 그 위에 타올을 씌운 후 헤어 드라이 등으로 가열 15분 동안 방치.
4. 15분 후 타올과 랩을 벗겨내고 그대로 방치하여 색상에 따라 10분~25분 동안 차갑게 식힌다(위 도표참조).
5. 10분~25분 후 발색 상태를 확인 한 후 머리를 감는다.
6. 미지근한 물로만 여러 차례 씻어낸 후 마지막엔 샴푸로 마무리한다.

사용시 주의사항

1. 반드시 랩 등으로 머리를 감싸 헤어드라이어 등으로 열을 가하여 발열 시켜야만 헤나의 LOWSON 이란 성분이 단백질에 반응해 발색이 됩니다.
2. 천연재료이기 때문에 발색정도는 개인차가 있습니다.
3. 긴 시간을 방치할수록 발색이 진해집니다.
4. 네츄럴 헤나는 흰 모발이나 탈색모발에만 오렌지 색이 들며, 생머리인 검정모발은 밝은 톤으로 됩니다. 만약 모발전체를 오렌지색으로 하려면 탈색한 후 사용해야 합니다.
5. 어두운 색상의 염색모발에 그냥 하면 표가 거의 안날 정도로 오렌지 빛이 미세하게 나오며, 밝은 색상의 염색모발에 하면 기존의 색상위에 오렌지색상이 많이 첨가되어 집니다.
6. 상처·종기·습진 등 이상이 있는 부위에는 사용을 금지할 것.
7. 임신초기에는 사용하지 않는 것이 좋습니다. 헤나는 몸을 차게 하기 때문에 모체에의 영향이 염려됩니다.
8. 생리 중 에는 두피에서 떼어서 머리카락에만 사용해주세요. 생리 2~3일전이 좋습니다.
9. 헤나는 열을 내려주는 효능이 있으므로 감기가 든 분은 다 나은 후 사용할 것.
10. 염색 후 일주일 정도는 머리카락에서 색이 조금씩 묻어 나오는 경우도 있으니 주의해주십시오.
11. EXTRA 헤나는 인체에 무해하지만, 극히 드물게 식물성 알레르기가 있는 분도 있을 수 있으므로 처음 사용하시는 분은 반드시 패치테스트를 한 후 사용하십시오. 만약 사용 중 또는 사용 후에 빨개지거나 가려워지거나 자극이 있을 경우에는 사용을 중지하고 전문의의 진단을 받으십시오.

헤나 시술과정

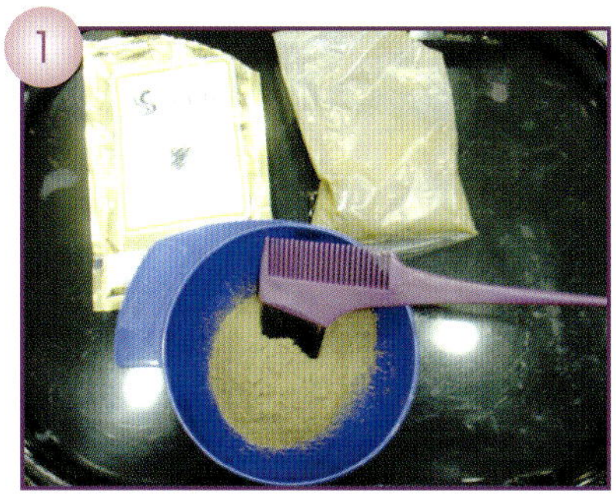

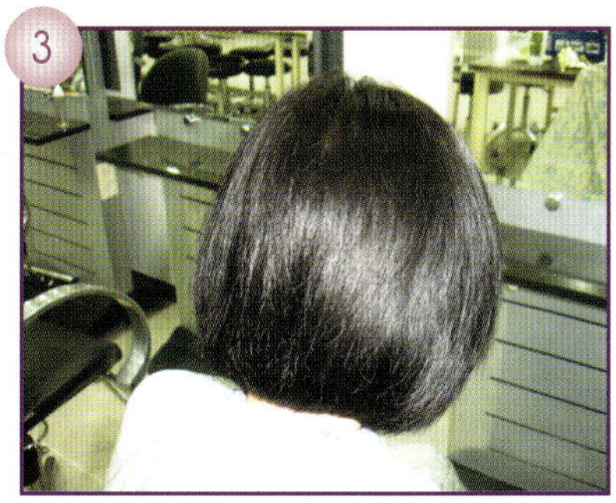

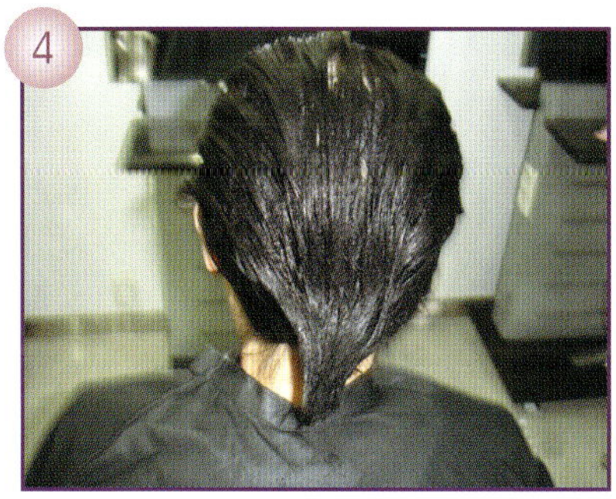

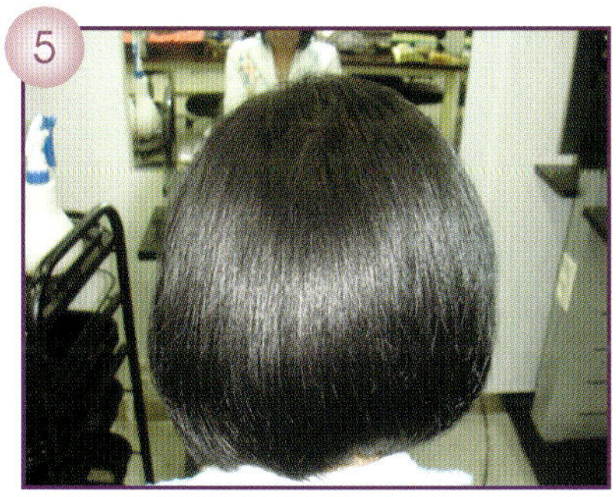

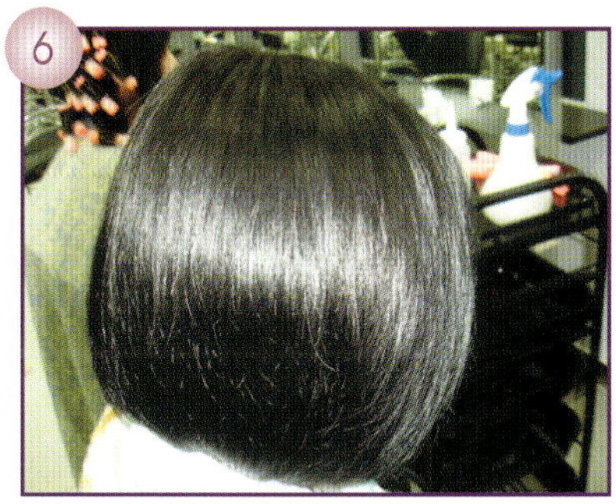

헤나의 효과

인체에 무해	트리트먼트 효과	염모효과
1. 천연식물 재료 2. 두피소독, 두피가 단단해 짐 3. 모발과 피부에 무자극 4. 문신용으로도 세계각국에서 사용 5. 비듬제거 6. 탈모해소, 육모 및 증모촉진 7. 임산부 사용가능(단, 케미컬헤나 제외) 8. 두피의 가려움증 해소 9. 전혀 눈이 따갑지 않음 10. 미세한 말린 쑥향기	1. 모발에 영양공급 2. 큐티클 보호 3. 모발에 끈기와 광택 4. 손상모발을 생머리로 되돌려 줌 5. 자외선, 대기오염, 염수로부터 모발보호 6. 떠버리는 머리를 차분하게 7. 가는 모발을 굵게해주는 볼륨감 8. 머리가 찰랑거림 9. 코팅효과 10. 내츄럴, 허브, 뉴트럴헤나에 떠먹는 요구르트, 계란, 올리브 오일 등을 첨가하면 트리트먼트 효과 및 보습효과를 높일수 있다.	1. 자연스런 느낌 2. 색상이 오래 유지(2개월 전후) 3. 새치머리 커버 4. 빛에 반사되면 하이라이트 효과 5. 흰머리가 다시 자라도 경계부분이 선명하지 않음 6. 내츄럴헤나의 경우 커피, 홍차, 레몬등 천연재료와 혼합하면 오렌지색상이 적갈색으로 변한다.

② 금속성 염모제

은, 납 성분들을 함유함 염모제로서 퍼머나 산화 염모제를 사용할 때는 염모를 제거하고 나서 사용해야 되기 때문에 현재는 잘 사용되지 않는다.

③ 혼합성 염모제

금속 또는 무기질 염료에 식물성 염료를 혼합하여 쓰는 염모제를 말한다.

이런 제품들은 산화 염모제와는 상극이므로 주의해서 사용하여야 한다.

④ 산화형 염모제

가장 보편적인 영구 염모제로 아미라인(amiline) 유도체인 염료를 사용하며 만들어진 염료제로서 다양한 색상을 발색시킬 수 있고 사용이 간편하여 현재 가장 널리 이용되고 있다.

산화형 염모제는 두 종류로 나눌 수 있는 저알카리성 산화염모제와 알카리성 산화염모제로 나눈다.

➔ 저알카리성 산화염모제(암모니아 없는 산화염모제)

⇨ 특 징

- 색상이 4~6주간 된다.
- 백모커버는 30~50% 정도 가능하다.
- 퍼머 직후에 바로 시술할 수 있는 장점이 있다.
- 컬러의 작용은 색조만, 또는 같은 컬러, 어둡게 염색되며 밝게는 할 수 없다.
- 산화제와 암모니아의 농도가 약하여 탈색작용은 활발하지 않아서 모발은 밝아지지 않는다
- 염색 후에 새로 자라나는 모발과 눈에 띄게 차이나지 않아서 자연스럽다.
- 명도는 바꾸고 싶지 않고 햇빛에서 보이는 색조를 원할 때 권한다.
- 이미 염색된 밝은 모발을 자라나온 모발과 같은 컬러로 더 어둡게 색상을 맞추고자 할 때 저 알카리성 산화염모제를 사용하면 손상도를 줄일 수 있다. 또는 자연적으로 색이 퇴색되어진 모발에 색상의 선명도와 윤기를 주려고 할 때 사용한다.

⇨ 영구염모제의 구성성분

- 제1제 : 저알카리성 염모제
- 제2제 : 산화제 3% 사용한다.

➔ 알칼리성 산화염모제(암모니아 있는 산화염모제)

⇨ 특 징

- 산화염모제 분자들은 모피질에 깊이 들어가 팽창하여 밖으로 빠져 나오기 어렵다.
- 여러번 샴푸 후에도 색상이 빠져나가지 않아서 영구적이지만 오랜 시간이 지나면 차차 색상이 퇴색된다.
- 백모의 퍼센트에 상관없이 100% 커버할 수 있다.
- 색상은 어둡거나 밝게, 또는 색조만 띄게 할 수 있어 어떤 염색이든지 가능하다.

작 용

- 알카리성 산화염모제는 제1제와 제2제를 섞어서 사용하며 탈색작용과 착색작용이 동시에 이루어진다.
- 제1제의 암모니아가 모표피를 부풀려서 열어지면 염모제 분자들은 모피질 안으로 들어가 산화제에 들어 있는 산소가 작용하여 멜라닌 색소를 분해시키며 산화중합 발색으로 염모제와 산소가 결합되어 모발의 색상이 만들어진다.

산화 염모제의 작용시간

- 염모제 도포 후 25~35분 방치하는 이유는 멜라닌 색소의 탈색이 이루어지고 그 자리에 인공색소가 발색하여 착색되는 시간이 필요하다.
- 염색의 작용시간은 회사마다, 다르지만 염료가 안정된 크기로 발색하여 착색되는 시간과 멜라닌 색소를 분해시키는 탈색 시간이 같은 동안에 일어나도록 되어 있다.
- 염모제 중에는 다른 제품과 비교해서 더 빨리 탈색되어 밝아지는 제품이 발색되는 시간이 필요하므로 방치시간을 잘 지켜 주어야 한다.
  왜냐하면, 작용시간 전에 밝아졌다고 샴푸하면 착색이 잘되지 않아서 빨리 퇴색되는 원인이 되므로 사용 설명서에 표기되어 있는 시간을 잘 지켜야 좋은 결과 색상을 얻을 수 있다.

염모제의 성분

- 염모제의 3요소는 염료, 알카리제, 산화제이다.
- 알카리제는 NH_3, Naoh, M.E.A.(모노에탄올아민) 등 다양하며 이중 가장 좋은 알카리제는 모발에 잔류 알칼리가 가장 적은 NH_3(암모니아)가 가장 좋으나 자극적인 냄새가 나는 단점이 있다.
- 염료는 P.P.D(파라페닐디아민)를 포함한 다양한 염료 중간체가 있다.

구성성분

- 제1제와 제2제로 구성
- 제1제 산화염료(염료 중간체+색소 중간체) 알카리제(암모니아).
- 제2제 산화제(과산화수소)

마지렐 앱솔루트 컬러 스펙트럼 (Majirel Apsolute Colour spectrum)

베스트셀러 신색상 그레이헤어 커버 색상 ■

레벨명	Metallic 매탈릭	Ash 잿빛	Cold browns 콜드브라운	Plums 플럼	Fundamentals 기본색상	Warm browns 웜 브라운	Golds 금빛	Red 적빛	Coppers 커퍼
매우(아주아주) 밝은 갈색 13					13				
아주 밝은 갈색 12/11	12.7 11.07	12.11 11.01	12.26 11.02		11	12.5 11.05	12.3 11.03	12.6	12.4 11.04
아주 아주 밝은 황갈색 10					10 ■				
아주 밝은 황갈색 9	9.07						9.3 ■ 9.03		
밝은 황갈색 8	8.07	8.1		8.2	8 ■		8.3 ■		8.45
황갈색 7	MB 7.07	7.1 MB 7.01	7.23 MB 7.02		7 ■ MB 7.0	MB 7.05	7.3 ■ MB 7.03		7.4 7.40 7.43
어두운 황갈색 6	6.07	6.1	6.23		6 ■	6.52	6.35	6.66	6.46 6.45
밝은 갈색 5	MB 5.07	5.1 MB 5.01	MB 5.02		5 ■	5.5 MB 5.05	5.3 ■ 5.35 MB 5.03		
갈색 4				4.20	4 ■	4.56	4.3 ■	4.65	
어두운 갈색 3					3 ■				
아주 어두운 갈색 2									
흑색 1					1 ■				

마지렐 앱솔루트 베스트 셀러 20

5 4 5.3 4.3 9.3 7.3 10 3 1 8.45
6.45 6.1 7.43 6.35 9.03 8.1 8.3 2.10 7.40 7

마지렐 앱솔루트 신색상

5.1 8.2 7.23 6.23 8 5.35 6.46 7.4 4.65 7.1

100% 그레이 헤어 커버 색상

Basic 1 3 4 5 6 7 8 10

Gold Basic 4.3 5.3 7.3 8.3 9.3

뉴 콜레스톤 퍼펙트(New Koleston Perfect)

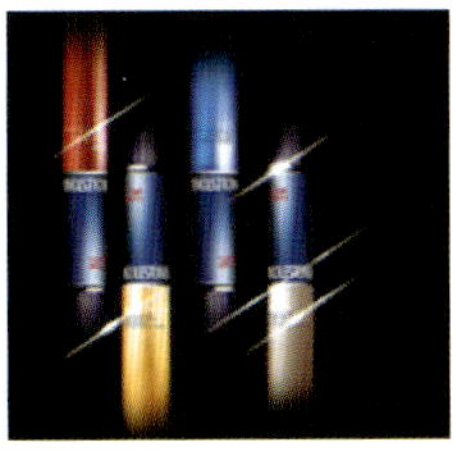

뉴 콜레스톤 퍼펙트(New Koleston Perfect)

- 용량 : 1제 80g, 2wp 960ml
- 포장단위 : 12개
- 종류 : 42컬러
- 방치시간 : 멋내기 30분, 새치커버 : 40분

DEEP(딥)

- 늘 아름답고 여유로운 생활을 연출하고 싶은 성인을 위한 「딥」
- 종류 : 11컬러

● 블랙	3/0,5/0
● 매트브라운	5/02, 6/02, 8/02
● 웜 브라운	5/04,6/04, 8/04
● 베이지 브라운	5/07, 6/07, 8/07

NATURE CONTROL(네이처컨트롤)

- 돈업 • 돈다운 등 수직 컨트롤을 자유자재로, 동양인 모발이 가지고 있는 멜라닌 색소를 목표로 만들어진 「네이처 컨트롤」
- 종류 : 8컬러

● 네이처 컨트롤	5/00, 6/00, 7/00, 8/00, 9/00, 10/00, 12/00, 14/00

PURE(퓨어)

- 컬러풀하고 투명감있는 베리에이션으로 디자이너의 창조력을 자극하는 「퓨어」
- 종류 : 17컬러

● 에쉬 그레이	8/11, 10/11
● 매드	8/2, 10/2
● 옐로우	8/3, 10/3, 12/3
● 오렌지 베이지	8/34, 10/34
● 캐럿 오렌지	8/44, 10/44
● 로즈	8/5, 10/5
● 바이올렛	8/6, 10/6
● 핑크 펄	8/68, 10/68

BROWN(브라운)

- 동양인 모발의 멜라닌 성분과 조화되어 모발에 차분한 깊이와 광택을 주는 「브라운」
- 종류 : 6컬러

● 애쉬 브라운	6/17, 8/17
● 브라운	6/7, 8/7
● 레드 브라운	6/47, 8/47

KOLESTON PERFECT

■ 콜레스톤 퍼펙트 헤어 컬러 차트

구분	DEEP 딥						NATURE CONTROL 네이처 컨트롤	PURE 퓨어										BROWN 브라운		
Shade / Level	0 Black 블랙	02 Matt Brown 매트 브라운	03 Yellow Brown 옐로우 브라운	04 Warm Brown 웜 브라운	05 Pink Brown 핑크 브라운	07 Beige Brown 베이지 브라운	00 Nature Control 네이쳐 컨트롤	11 Ash Gray 애쉬 그레이	2 Matt 매트	3 Yellow 옐로우	34 Orange Beige 오렌지 베이지	44 Carrot Orange 캐럿 오렌지	45 Cherry Red 체리 레드	5 Rose 로즈	6 Violet 바이올렛	68 Pink Pearl 핑크 펄	88 Blue Silver 블루 실버	17 Ash Brown 애쉬 브라운	7 Brown 브라운	47 Red Brown 레드 브라운
1+3 14							14/00													
1+2 12							12/00	12/11		12/3							12/88			
10							10/00	10/11	10/2	10/3	10/34	10/44	10/45	10/5	10/6	10/68	10/88		10/7	
9							9/00													
8		8/02	8/03	8/04	8/05	8/07	8/00	8/11	8/2	8/3	8/34	8/44	8/45	8/5	8/6	8/68	8/88	8/17	8/7	8/47
7							7/00													
6		6/02	6/03	6/04	6/05	6/07	6/00	6/11	6/2		6/34	6/44	6/45	6/5	6/6	6/68	6/88	6/17	6/7	6/47
5	5/0	5/02	5/03	5/04	5/05	5/07	5/00													
3	3/0														3/6					
2	2/0																			
1	1/0																			

- 본 색상은 백모에 샘플링한 이미지 색상입니다.
- 염색 전의 모발 상태, 모발색에 따라 염색 결과가 다소 차이가 있을 수 있습니다.
- 인쇄물로 실제 염색 결과와 차이가 있을 수 있습니다.

회사별 제품소개 및 특성

뮤겐스

뮤겐스 헤어컬러

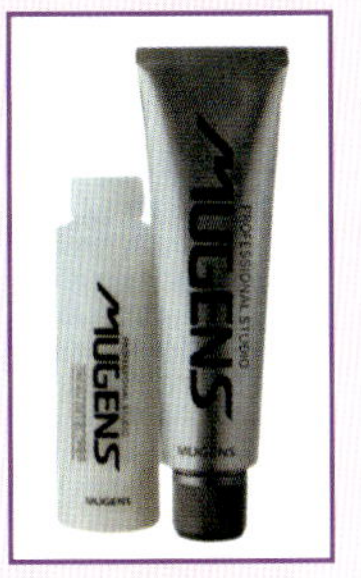

다양한 색상과 풍부한 색감을 연출해 주는 뮤겐스 헤어컬러는 모발 보수성분인 세라마이드 처방으로 손상된 모발 구조를 건강한 모발로 회복시켜 주며, 윤기와 활력을 준다. 케라틴 필수 아미노산의 일종인 쓰레오닌을 다량 함유하여 선명한 색상을 오랫동안 유지시켜 주며 한방에서 쓰이는 감초 추출물인 M.A.G 성분과 두피 보호효과가 뛰어난 VITAMIN-C를 배합하고 있다. 뮤겐스 헤어컬러는 총 19색으로 구성되어져 있어 원하는 컬러를 손쉽게 연출할 수 있다.

오비에스

데미컬트 아시도

선명한 발색과 동시에 뛰어난 모발 클리닉 효과로 고객들에게 컬러의 품격을 제공해 준다. 특히 비비드 컬러 13색과 내츄럴 컬러 5색의 풍부한 컬러 바레이션으로 폭넓은 헤어 컬러의 디자인과 즐거움을 준다.
L.P.P(천연복합아미노산)의 첨가로 색상, 윤기 탄력이 뛰어나며, N.M.F(천연보습인자)의 배합으로 부드럽고 촉촉한 느낌을 준다. I.D(이온 디비젼) 효과에 의해 빠르게 염색되며 또한 모발 전체 및 부분 컬러용으로 염색 후 사용하면 더욱 선명해지며 반복 사용시 모발의 회복이 빠르다.

데미 폴리사쥬

염모제 특유의 냄새가 전혀 없는 약산성(pH6)영구 산화 염모제이다. 5~10분만의 단시간 마무리로 고객이 헤어스타일의 아름다운 마무리를 바로 확인 할 수 있으며, L.P.P(천연복합아미노산)의 효과로 모발 내부가 건강해지고 L.P.P(천연복합아미노산)와 함께 침투하는 색소가 모발에 자연스러운 윤기와 더불어 가벼운 헤어스타일을 연출해 준다. "모발이 손상되어 윤기가 없다" "모발 끝이 갈라지고 퇴색되어 있다." "머릿결이 나쁘고 정돈되지 않는다" "건강모라도 더욱 윤기와 찰랑이는 느낌이 필요하다" 등 모발의 모든 고민을 완벽히 해결해 줄 수 있다.

데미 컬트 컬러

35가지의 다양한 컬러를 가진 저 알칼리 산화 염모제로 L.P.P(천연복합아미노산)와 플라카치온이 유연하고 아름다운 머리결을 마무리 해주며 빠르고 균일하게 염색된다. 또한 NC 처방으로 염모제 특유의 불쾌한 냄새가 없으며 퇴색이 적다.

일진코스메틱

아르떼 컬러 코코

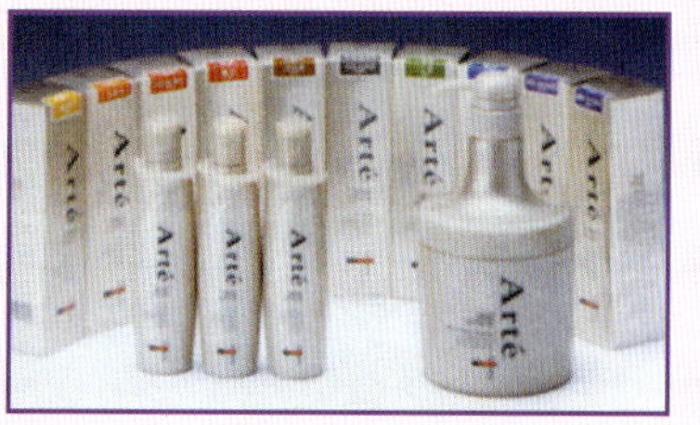

1+2DDS(Dye Delivery Sysyem : 1 : 2혼합체계)의 이상적인 염료배합으로 컬러가 한층 더 선명하고 또렷해진 프로페셔널 염모제이다. 색상은 약 20여가지로 자연스럽고 선명한 색상을 원하는 소비자 욕구에 맞추어 개발되었다. 양이온성 실리콘, 프로테인과 로즈마리, 카모마일, 아니카 등의 천연 허브성분 및 감초추출물이 함유되어 두피를 진정시키고 염색 후 모발을 건강하고 윤기 있게 마무리 시켜준다.

흰머리용 : 흑색을 띠는 가장 어두운 갈색, 어두운 갈색, 어두운 황갈색, 자연스러운 황갈색, 흑색을디는 가장 어두운 적갈색, 자연스러운 적갈색

멋내기용 : 자연스러운 갈색, 밝은 자연스러운 갈색, 가장 밝은 자연스러운 갈색, 가장 어두운 암청색, 황색을 띠는 자연스러운 갈색, 매우 밝은 황색을 띠는 갈색, 흑색을 띠는 청보라빛 갈색, 어두운 보라빛 갈색, 어두운 오렌지빛 갈색, 밝은 오렌지빛 갈색, 어두운 구리빛 갈색, 밝은 구리빛 갈색, 엷은 연두색을 띠는 회색, 엷은 청자색을 띠는 회색

아르떼 믹셈 컬러

"믹셈 컬러(MixM color)"는 "믹셈 러스터 TM(MixM luster TM)"과 혼합하여 사용하는 새로운 개념의 트리트먼트 코팅 컬러제로 산성컬러에서 볼 수 없는 강력한 트리트먼트 효과를 위해 개발되었다. 컬러의 강도 조절이 용이하여 색소만의 추가로 쉽게 색상과 채도를 변화시킬 수 있다. 또한 식물성 케라틴, 에몰리엔트 실리콘, 가수분해 실크 등의 성분이 모발이 pH와 수분 밸런스를 동시에 조절해주어 손상된 모발의 보수와 보호에 효과적이다.

루블, 블루 바이올렛, 레드 바이올렛, 다크 브라운, 브라운, 레드, 라이트 레드, 오렌지, 옐로우, 그린

케론 컬러

풍부한 감성을 자극하는 브라운 계열의 컬러로부터 쿨한 사이버 케탈계 컬러까지 다양한 색감을 나타내는 프로 컬러리스트를 위한 알카리성 염모제이다. 6가지 색상이 라인-업 되어 풍부해진 컬러톤으로 원하는 색상을 세밀하게 표현할 수 있다. 또한 식물 추출물과 세라마이드 성분이 들어있는 에센스 '컬러 이퀄라이저'를 함께 사용함으로써 염색후에도 샤이니한 윤기와 부드러운 머리결로 마무리되어 컬러를 더욱 돋보이게 한다.

블루, 블루 바이올렛, 레드 바이올렛, 다크 브라운, 브라운, 레드, 라이트 레드, 오렌지, 옐로우, 그린

케론 산성 컬러

'케론 산성 컬러'는 색상의 선명도와 지속력으르 크게 개선하여 더욱 파워 업시킨 산성 염모제이다. 아하(AHA)성분이 함유되어 모발에 윤기와 부드러운 감촉을 전달하고 MTC폴리머가 쉽게 색이 빠지는 문제를 보완, 색상의 지속력을 상승시켰다. 케론 산성컬러는 모발에 손상을 거의 입히지 않는 특성으로 모발의 건강상태를 위해 권장되며 탁월한 코팅 효과로 숱이 적고 푸석푸석한 모발에 시술 후 매끄러운 광택이 흐르고 볼륨감을 살려주는 효과를 경험할 수 있다.

레몬, 오렌지, 레드, 레드와인, 블루와인, 블루, 그린, 황갈색, 적갈색, 흑갈색, 무색 코팅제 '빌드-업 미디움'

일진코스메틱

케론 젬 산성컬러

'케론 젬 산성컬러'는 생생한 컬러와 윤기를 함께 전달해주는 반영구 염모제로서, 각 색상마다 붙여진 보석이름은 화려한 컬러와 광택을 헤어에 접목시킨다는 의미를 지닌다. 또한 내추럴 펄프에서 유도된 고분자 폴리머와 검(gum)의 조화로 모발의 코팅력이 우수하고 매끄러운 모발로 보보해주는 효과가 있으며 색소의 지속력도 한 단계 향상되었다.

오렌지엠버, 코럴 핑크, 루비 레드, 가네트 브라운, 사파이어 블루, 토파즈 쿠퍼, 에메랄드 그린, 실버 그레이, 다이아 미디움

지드 에시드 컬러

'지드 에시드 컬러'는 모발 손상이 적은 산성 타입의 헤어 컬러제로 컬러링 후 선명한 색상은 물론 컨디셔닝 효과와 코팅효과도 함께 제공해 준다. 15가지 개성있는 색상으로 계절감과 자기만의 헤어스타일을 자유롭게 연추할 수 있는 지드 애시드 컬러는 베타인, P.P.T 성분이 배합되어 얼룩없이 깊고 균일한 색감으로 헤어 컬러를 유지시켜 준다. 또한 내추럴 성분의 고분자 폴리머가 모발에 코팅되어 색상지속력을 향상시켜 주고 모발에 광택과 부드러움을 증진시켜준다.

레드와인, 핑크, 레드, 옐로우, 오렌지, 그레이, 흑갈색, 적갈색, 황갈색, 청자색, 적자색, 블루, 그린, 쿠퍼레드, 무색투명

아카데미

이브셀 헤어컬러

고분자 양이온 단백질의 함유로 채색이 깊고 화려하다. 또한 야자유 오일 및 식물성 천연 원료로 컨디셔닝, 보습효과, 지모, 절모를 방지해주며 18종의 염모제와 4종의 조저액으로 다양한 컬러를 연출할 수 있다.

마샬 중성 코팅제

모발 깊숙이 침투하여 색 빠짐이 덜하며 오랫동안 색상의 선명도를 유지할 수 있다. 또한 산성 컬러제와는 달리 많은 양을 혼합하여 사용해도 웨이브 형성과 컬의 탄력에는 영향을 주지 않는다.

이브셀 산성 코팅제

모발의 아름다움과 보호를 위한 최상의 컬러로 다양한 색채의 매혹적인 뉘앙스를 연출 해준다. 특히 모발과 두피에 부담을 주지 않으며 모발 고유의 색에 투명감을 주며 컨디셔닝 효과에 의해 모발 보호 및 윤기를 부여해준다.

아인스

바비리스 프로 컬러

양이온성 실리콘 에멀젼과 아미노 변성 실리콘의 첨가로 시술 후 모발에 부드러움과 광택을 증진시켜주며 모발의 컨디션이과 색상 유지력이 뛰어나다. 특히 옥수수씨눈과 식물성 프라센타를 배합하여 잦은 빗질, 자외선 등 손상된 모발의 모피층에 아미노산을 침투시켜 모근에 영양과 활력을 준다. 도한 타우린 성분이 함유되어 두피 자극을 줄여준다. 색상은 총 15가지로 오는 5월 새로운 색상 4가지를 추가 출시할 예정이다.

오렌지빛 갈색, 레몬빛 갈색, 황색빛 금발색, 녹색빛 자연 갈색, 녹색빛 밝은 갈색, 청색을 띤 흑갈색, 포도주빛 적갈색, 적색을 띤 밝은 갈색, 구리빛 갈색, 연갈색을 띤 금색, 황금색, 아주 연한 베이지색, 밝은 밤색, 진한 갈색, 밝은 갈색

로레알 프로페셔널 파리

마지리프트

밝은 색조의 헤어 컬러링에 꼭 필요했던 탈색을 하지 않고도 헤어 컬러를 밝은 톤으로 바꿀 수 있으며 모발에 손상을 주는 일을 피할 수 있는 제품이다. 특히 코스메틱 제품의 특허 성분(이오닌 G)으로 모발에 윤기를 주면서 빠르게 컬러 변신을 할 수 있다. 특히 컬러의 다양성을 자유롭게 연출 할 수 있도록 아주 밝은 색의 브라운 컬러 6가지를 개발했다.

매우 밝은 갈색, 잿빛 아주 밝으 갈색, 금빛 아주 밝은 갈색, 구리빛 아주 밝은 갈색, 마호가니 아주 밝은 갈색, 매트한 아주 밝은 갈색

뉴앙셀 아하

과일산 AHA가 포함된 헤어 매니큐어. 선명한 컬러를 원하는 젊은 층과 펌, 컬러링으로 모발의 손상이 심한 고객 층에게 적합 하다. 색상이 선명하며 모발에 강력하게 흡착하여 윤기와 모발건강에 탁월하 효과(과일산 AHA)를 준다.

마지렐(Majirel)

이오닌 G 함유로 부드럽고 윤기 나는 머리결을 가꿔주며 HR시스템의 "복합 분자 구조로 놀라운 색상 지속력을 갖고 있다. 특히 백모 커버력이 뛰어나며 30여가지의 아름답고 풍부한 색상을 갖추고 있다.

마지로우즈(Majirouge)

마지렐의 패션 레드 컬러로 5가지의 깊고 풍부한 색감을 느낄 수 있다.

현대 화장품

V·O·I 노블 헤어컬러

V·O·I 노블 헤어컬러는 곡물 추출물을 컨셉으로 모발 손상을 최소화하면서 선명한 컬러를 표현해 준다. 양이온성 계면활성제 및 식물성 오일을 다량 함유하여 모발에 컨디셔닝 및 에몰리언트 효과를 부여하여 염모 시술 후 푸석거리기 쉬운 모발을 윤기 있게 해주며 판테놀이 비타민의 활성도를 높여 모발과 두피에 비타민의 침투를 도와 모발에 생기를 부여해준다. 또한 레시친과 아미노산의 함유로 시술 시 두피 자극을 최소화 시켜주며 염색 후 건강하고 탄력 있는 머릿결을 유지시켜준다.

밝은 갈색, 자연 갈색, 아주 어두운 갈색, 파란색, 그린 빛 갈색, 아주 밝은 금빛 황갈색, 금빛 황갈색, 밝은 구릿빛 황갈색, 구릿빛 황갈색, 밝은 오렌지 빛 황갈색, 오렌지빛 황갈색, 붉은 황갈색, 적자빛 갈색, 적색, 보랏빛 갈색

데즐링 헤어 커팅컬러

데즐링 헤어 커팅컬러는 L.P.P를 사용하여 모발의 모피질까지 침투하여 모발에 영양공급을 해주며 마이크로화 한 실리콘 오일의 사용으로 미세한 입자가 모발 한 올 한 올을 코팅하여 뛰어난 광택 효과를 준다.

총11가지 색상

소망화장품

꽃을 든 남자 프살롱 피토 헤어컬러

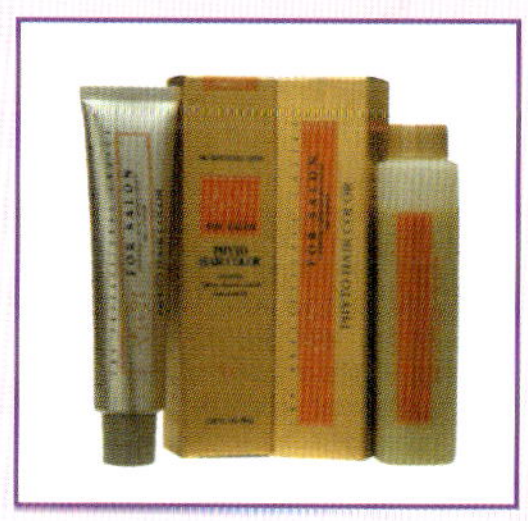

두발에 좋은 7가지 순식물성 성분(이소플라본, 카모마일, 녹차, 위치하젤, 딤젱이, 귀리, 버독)을 함유하여 손상된 모발에 아미노산과 수분을 공급하여 모발 손상을 최소화시켜준다. 또한 감초추출물인 M.A.G 성분을 첨가, 두피 보호 효과를 강화하였으며 모발의 광택과 부드러움을 증진시켜준다.

흑갈색, 진한갈색, 자연갈색, 밝은갈색, 황금빛 밝은 갈색, 아주 밝은 황금빛 갈색, 오렌지 브라운, 체리레드, 블루블랙, 퍼플와인

소망 헤어컬러

양이온성 실리콘 에멀젼의 함유로 밝고 선명한 색상을 오랫동안 유지할 수 있으며 모발 구성 성분인 케라틴 단백질을 함유하여 염색과 동시에 모발을 보수하여 부드러운 모발을 형성해준다. 특히 자극적인 냄새가 없어 누구나 쉽게 사용할 수 있으며 다양한 색상을 연출할 수 있다.

진한갈색, 밝은갈색, 아주 밝으 금발색, 청색을 띤 흑갈색, 체리레드, 흑갈색, 자연 갈색, 밝은 금발색, 오렌지 브라운

아모스 프로페셔널

트리틴트 크림 헤어컬러

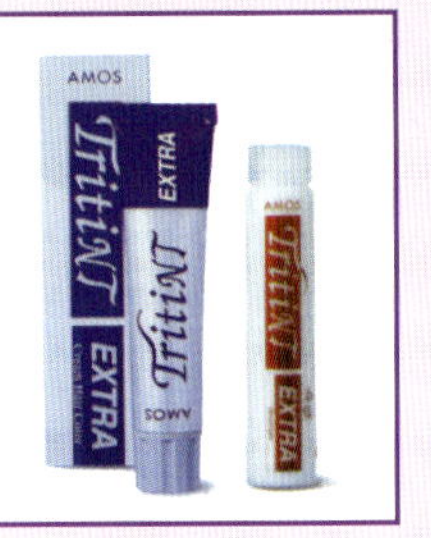

트리틴트는 모발보호 성분인 스킨 케어 성분이 함유되어 모발손상을 줄여주는 트리트먼트 염모제이다. 색상은 18가지 기본 컬러(트리틴트 크림 헤어컬러)와 6가지의 패션컬러(트리틴트 엑스트라 크림 헤어컬러)로 구성되어 있으며 유행에 따라 패션컬러의 신 색상을 출시하여 새로운 헤어 패션을 창출해 내는 역할을 하고 있다. 트리틴트는 그 색상 발색력이 뛰어난 영구 염모제로서 시술 후 영양 코팅성분이 트리트먼트 효과까지 나타내어 적은 손상으로 선명한 색상을 나타낼 수 있다.

컬러링 헤어 메이크업

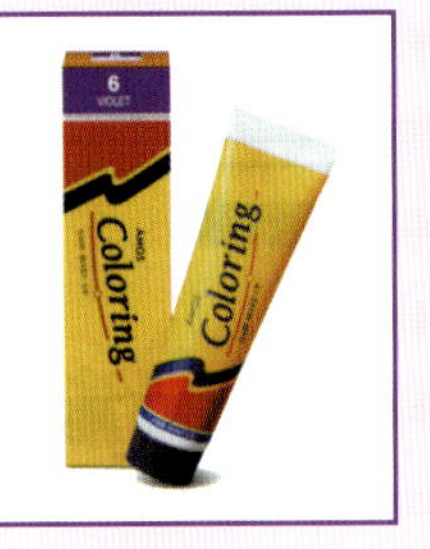

컬러링 헤어 메이크업은 96년7월에 출시되어 지금까지 매년100%이상의 판매성장을 기록하면서 미용업계의 대표적인 히트 상품으로 성장하였다. 선명한 컬러에 윤기와 광택을 첨가하여 생동감 있는 컬러를 그대로 보여주는 수 있는 아모스 컬러링 헤어 메이크업은 우수한 발색, 정확한 색상 표현과 함께 모발에 윤기와 광택을 제공하여 주는 산성 염모제(pH3.1-3.5)로서 확실한 컬러 표현과 뛰어나나 코팅 효과를 동시에 원하는 고객에게 적합한 염모제이다. 또한 모발 보호 성분이 함유되어 모발에 컨디셔닝 효과를 주어 부드럽고 매끄럽게 스타일링을 마무리 시켜준다. 총 13가지 색상이 출시되고 있다.

트리틴트 엑스트라 크림

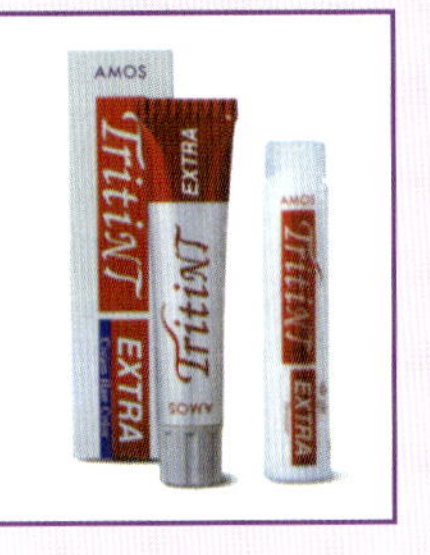

패션 컬러 전용 제품인 트리틴트 엑스트라 크림 헤어은 총6가지 색상으로 기본 컬러 위주로 구성되어 있는 트리틴트 제품의 응용제품이다. 트리틴트 엑스트라 크림 헤어컬러는 특수 색소물이 첨가되어 보다 생동감 있고 선명한 색상 표현이 가능하도록 하였다.

백광화장품

디비나 엘피피 컬러매직

No 암모니아로 냄새는 적고 컬러는 오랫동안 선명하다. 각종 영양 오일성분과 LPP성분, 케라친 양이온 폴리머 성분 함유로 트리트먼트 효과를 높여 염색 후에 모발이 더욱 부드러워지며 윤기가 난다.

1제가 액상으로 2제와의 혼합성이 우수하며 쉽게 섞이고 적절한 점도로 모발에 고루 발라지며 흐르지 않는다. 새치머리용 3가지와 멋내기용 7가지, 패션컬러 7가지로 총 17가지이다.

코셀러 코리아

네오애시드 컬러

천연 저분자 복합아미노산(N.M.A)은 염색 및 블리치로 손상된 모발을 보호하고 유지시켜 주며 모발색소 침투 시스템(Hair Color Delivery System)방법을 사용하여 착색력이 우수하다. 색상의 지속기간은 약 5~6주이며 특히 흑발의 경우 윤기가 있는 색상을, 탈색 모발에서는 색상의 명도와 코팅 효과가 뛰어나다. 또한 프로테인 양이온 유도체를 함유하여 컨디셔닝 효과도 우수한 것이 특징이다.

투명, 적자색, 짙은 동색, 갈색, 은회색, 녹색, 황색, 적색, 자색, 등색, 주홍색(11색상)

센스업 헤어컬러

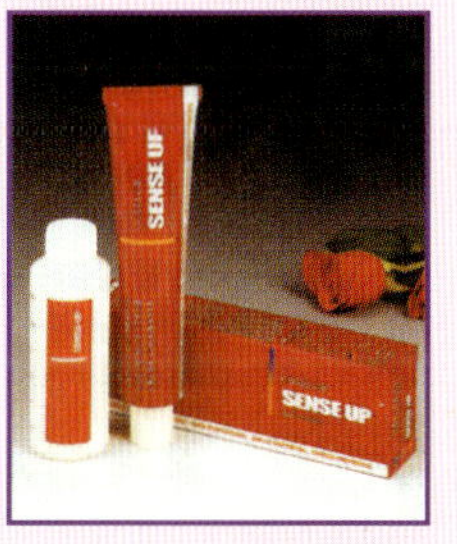

이태리 Italian Cosmetic Laboratories s.r.l 과 기술협조로 탄생한 제품으로 모발 손상이나 퇴색을 최소화하였으며 유럽계 염모제의 특징인 밝은 톤의 화려하고 다양한 색상을 연출할 수 있다. 특히 식물성 프로테인이 함유되어 모발과 두피를 보호해 준다.

어두운 갈색, 갈색, 아주 밝은 부드러운 금발색, 블루블랙, 밝은 재색, 밝은 황갈색, 중간 구릿빛 적색, 자연 적갈색, 밝은 황금 오렌지 갈색, 아주 밝은 재색, 라이트너, 모피빛 노란색

네오 컬러

펌제 또는 스트레이트 크림과 믹서(Mixer)하여 사용하는 전용 중성컬러. 코셀러 네오 컬러는 퍼머 시간에 영향을 주지 않는 중성컬러로 색상의 농도가 2배 정도 되므로, 다양한 색상의 연출이 가능하다. 특히 모발을 보호하는 코팅(고분자)성분이 함유되어 퍼머 후 선명한 색상과 부드러운 모발 및 탄력 있는 컬을 형성해 준다.

바이올렛, 오렌지적색, 적포도주색, 갈색, 자연갈색, 청록색, 블루블랙, 흑갈색

그리에이트

셀렉티브 올리고 미네랄 크림

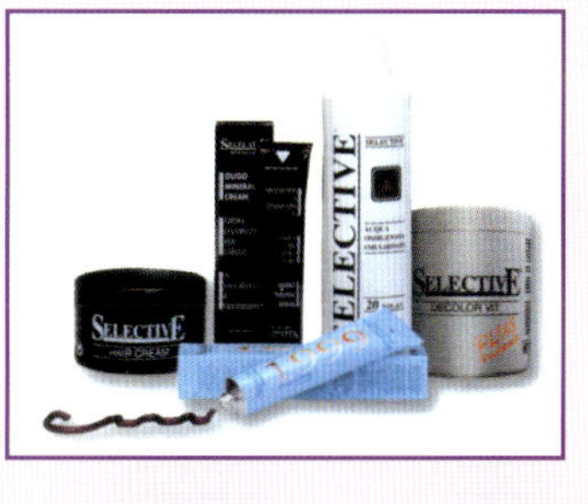

셀렉티브 올리고 미네랄 크림은 과학적 기술로 벌꿀에서 추출한 밀랍 성분과 천연 성분을 첨가하여 제조된 혁신적인 미용 염모제이다. 모발을 보다 섬세히 보호하고 비타민C를 함유한 산화제의 역할로 컬러의 지속력을 한층 강화시켰다. 특히 자연스럽고 분명한 색상 표현, 새치모발이 완벽한 착색, 모발의 윤기와 토색 방지, 72가지의 다양한 색상 등은 타 제품과 분명하게 차별화 되는 특징들이다.

코리아나 슈바츠코프

이고라 로얄 컬러 크림

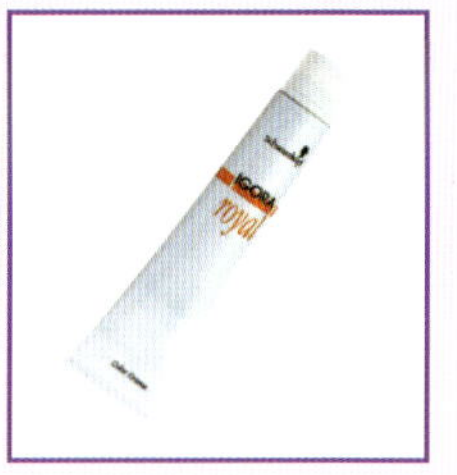

크림 타입의 전문가용 모발 염색제로, 홍화유 등 여러 트리트먼트와 오일 성분으로 인해 시술 후 모발 손상이 적고, 윤기가 뛰어나 높은 만족도르르 얻을 수 있다. 현재 새치커버 색상 8가지, 멋내기 색상11가지, 보조색 3색상 등 22가지 색상으로 아름다운 헤어 컬러 연출이 가능하다. 특히 새치커버 색상을 단독으로 사용할 수 있어 사용이 간편할 뿐 아니라 색상 발색이 뛰어나며, 멋내기도 동시에 할 수 있는 최대의 장점을 가지고 있다.

모디에뜨 헤어 디자이닝 틴트

최근 급성장하는 산성컬러 시장내 주력 브랜드로, 산화염료를 사용하지 않으므로 피부가 민감한 사람에게 안심하고 사용할 수 있다. 젤 타입으로 염착성이 뛰어나 사용이 간편하며 펌제와 믹싱하여 사용할 수 있다.

부드러운 코팅막이 모발을 보호하며 모발 흡착력이 뛰어난 가수분해 아몬드 단백질이 시술후 모발을 광택있고 부드럽게 유지시켜 준다.

선셋레드, 오렌지브라운, 크리스탈, 리얼 바이올렛, 딥 블루, 오렌지블라썸

이고라 플레르

이고라 플레르는 잦은 염색과 퍼머의 반복으로 모발의 손상이 염려되지만, 항상 선명하고 아름답게 헤어 컬러를 유지하고 싶은고객, 조금씩 색에 변화를 주면서도 자연스럽게 컬러 체인지를 하고 싶어하는 고객, 새치 모발을 자연스럽게 커버 하고 싶어하는 고객이 욕구를 충족시킬 수 있는 제품이다.

슈바츠코파의 이고라 플레르는 이온 결합으르 이용한 자극이 없는 산성 컬러로 트리트먼트 성분을 배합하여 광택과 모발이 감촉, 정전기 등의 걱정 거리를 해결 하여 준다. 컬러링 후에도 모발이 거칠어 지지 않고, 감촉이 뛰어나 커다란 만족을 준다.

모디에뜨 헤어 디자이닝 컬러 블루 블랙

마카데미아 넛 오일 등의 천연 식물성 오일이 모발 한올 한올을 코팅하여 시술 후 감촉이 매우 부드럽다. 모발에 부담을 주지 않는 트리트먼트 헤어 컬러로 고분자 코팅 성분이 생성된 염료의 탈색을 막아 선명한 색을 오랫동안 지속 시키고, 물빠짐이 적다.

세화피앤씨

프로샤프 컬러크림

미용실 전용 새치 멋내기용 염모제, 최신의 정선된 컨디셔닝 원료를 배합하여 탁월한 컨디셔닝 효과를 얻을 수 있으며 염색전 보다 더욱 부드럽고 윤기 있는 모발로 가꾸어 주며 색상이 오래 지속된다. 특히 독한 암모니아 냄새가 적고 24가지 다양한 색상을 가지고 있다.

서울화장품

뚜라비 헤어 컬러 크림

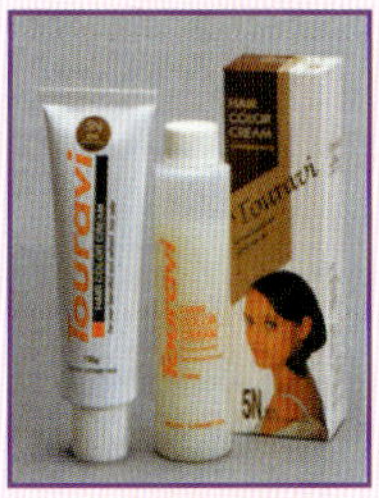

뚜라비 헤어 컬러크림은 모발내의 천연 세라마이드 인자의 재생을 돕고, 필수영양자인 콜레스트롤의 결합으로 모발을 건강하게 회복시켜 준다. 또한 염색 모발에 적합한 트리트먼트 성분이 함유되어 있어 염색 후 모발을 차분하고 윤기있게 가꾸어 주며 뛰어는 색상 표현으로 퇴색 없이 오랫동안 아름다운 색상을 유지시켜 준다. 뚜라비 헤어 컬러 크림은 크림타입으로 흘러내리지 않으며 쉽게 도포할 수 있어 사용하기에 매우 편리하다.

아트매직

크림타입으로 흐르거나 튀지 않으므로 깨끗하게 염색할 수 있으며 트리트먼트제 첨가로 모발을 보호, 부드럽고 윤기 있게 염색된다. 또한 암모니아를 사용하지 않아 냄새를 느끼지 않고 염색할 수 있다.

엷은 갈색, 엷은 적갈색, 연한 밤색, 붉은 밤색, 자연 갈색, 진한 갈색, 자년 흑갈색, 골드 블리치

큐 타임

염색시간 5~8분이면 자연스러운 색상을 연출할 수 있다. 트리트먼트제 첨가로 모발을 보호해주며 피부의 자극 또한 극소화했다.

웰라 코리아

콜레스톤 퍼펙트

1982년 국내 발매 당시 8가지 색상이었던 '콜레스톤2000'은 1997년 '콜레스톤 퍼펙트'로 이어져 대표적인 살롱 전용 컬러 제품으로 자리잡고 있다. 콜레스톤 퍼펙트는 현재41 가지의 색상으로 네이쳐, 그레이패션, 패션, 믹스 톤의 4부분으로 나뉘어져 있으며 멋내기 염색에서 흰머리에 이르기까지 사용 범위가 넓고 색상도 다양하여 고개기 원하는 색상과 모발 상태에 맞춰 전문가의 테크닉이 정확하게 발휘될 수 있는 제품이다. 또한 크림 타입인 콜레스톤 퍼펙트는 도포가 용이하고 색상이 선명하며 색상 유지력도 뛰어나다.

IV

모발 염색의 기초

제4장 모발염색의 기초

1. 자연 모발 색상(The hair natural color)

고객의 모발에 컬러를 바꾸거나 도포하기 전에 색의 법칙을 고려해야 하며 컬러리스트에게 자연 모발색상을 내는 멜라닌색소를 이해하는 것은 매우 중요하다. 모발에 사용할 염료를 배합하기 전에 색이 지닌 지배적인 베이스(base)와 밝기, 어두움의 등급을 인지해야 한다.

멋진 헤어 컬러링을 위해서는 자연색소인 멜라닌을 변화시켜 새로운 염색제를 만들어 도포, 발색시키는 방법을 배워야 한다.

1) 모발색의 톤(Ton)

모발의 자연색은 멜라닌 색소의 양과 분포에 따라 결정된다. 모발의 자연색은 색의 불투명 정도에 따른 톤과 색광의 다양성에 따른 반사색에 의해 특성을 갖는다.

톤(ton)은 명암, 농담, 강약 등의 색조화이며, 또한 따뜻한 느낌, 차가운 느낌 등을 말할 때 사용한다.

2) 모발의 등급(Level)

모발의 등급은 색의 밝기와 어둡기의 정도를 표시해 주며 우리나라에서는 자연 모발의 색을 명도에 따라 어두운 색부터 밝은 색까지 1에서 10단계까지 숫자를 붙여 사용한다.

전문적인 컬러리스트를 위한 이 10단계의 명도가 염모제의 회사에 따라 약간씩 다르게 표기되어 있다.

예를 들어 명도 6의 제품이 반드시 같다고 할 수 없지만 거의 비슷한 명도이다(A사의 6/0과 B사의 6N 제품이 같은 명도 6으로 표기되어 있지만 똑같은 컬러로 나오지 않는다.) 그러므로 각 회사의 제품 사용법을 꼭 확인한 후 사용하는 것이 좋다.

명도는(value)는 색의 밝기 또는 어두운 정도이며 자연 모발색과 염색모발색상의 명도를 측정한다.

1은 가장 어두운 흑색이고 10은 가장 밝은 금발(아주아주밝은 황금색 또는 황갈색) 등으로 다르게 표기한다.

각 회사의 명도와 색조 보는 방법의 예

금빛 황금색 (golden blonde)	잿빛 어두운 황금색 (ash dark blonde)	믹스톤 (mix tone)
색상, 명도 / 색조(반사빛)		명도는 없고 색조만 있다
7 G	6 A	0 / 6
7 D	6 C	0 / 2
7 / 3	6 / 1	0 / 4
7 . 3	6 . 1	

예) 금구리빛 황금색

7.43

명도 / 1차 반사빛 / 2차 반사빛

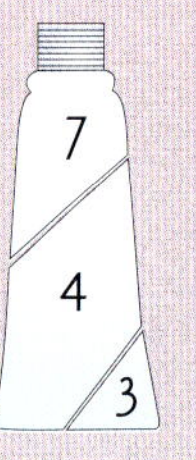

(1) 유멜라닌(짙은 색소)

고객의 모발에 컬러를 바꾸거나 도포하기 전에 색의 법칙을 고려해야 하며 컬러리스트에게 자연 모발색상을 내는 멜라닌색소를 이해하는 것은 매우 중요하다. 모발에 사용할 염료를 배합하기 전에 색이 지닌 지배적인 베이스(base)와 밝기, 어두움의 등급을 인지해야 한다.

(2) 페오멜라닌(옅은 색소)

멋진 헤어 컬러링을 위해서는 자연색소인 멜라닌을 변화시켜 새로운 염색제를 만들어 도포, 발색시키는 방법을 배워야 한다.

모발의 자연색은 멜라닌 색소의 양과 분포에 따라 결정된다. 모발의 자연색은 색의 불투명 정도에 따른 톤과 색광의 다양성에 따른 반시색에 의해 특성을 갖는다.

톤(ton)은 명암, 농담, 강약 등의 색조화이며, 또한 따뜻한 느낌, 차가운 느낌 등을 말할 때 사용한다.

표 4-1. 색상가이드

명 도	블리치 레벨명	자연모 레벨명	반사빛 명
1	빨강(적색)	흑색	잿빛
2	빨강(적색)	아주 어두운 갈색	보라빛
3	빨강(적색)	어두운 갈색	금빛
4	빨강(적색)	갈색	구리빛
5	붉은 오렌지	밝은 갈색	적자빛
6	오렌지	어두운 황갈색	적빛
7	밝은 오렌지	황갈색	녹색빛(매트)
8	노랑	밝은 황갈색	
9	밝은 노랑	아주 밝은 황갈색 – 황금색	
10	아주 밝은 노랑		

3) 모발이 밝아지는 요인

모발을 밝게 하는 것은 자연색소나 인공색소를 제거하는데 있다.
밝게 나는 것은 자연적으로 또는 화학적 산화작용에 의해서 일어난다.

(1) 자연적 요소

물, 바다, 태양, 바람은 모발을 약간 밝게 하며 따뜻한 색조를 만들어낸다. 물과 바닷물의 소금기는 모발을 부풀리고 바람의 산소와 자외선에 의해 활성화된 산소분자가 모발 속으로 침투하고 점진적으로 멜라닌색소를 산화함으로써 모발이 밝아지게 만든다. 이것을 모발의 '퇴색' 이라고 말한다.

(2) 화학적 요소

인공적으로 밝게 하는 것은 색소의 더 큰 산화로 만드는 탈색(블리치) 제품을 이용하여 아주 어두운 색에서 밝은 색까지 밝게 할 수 있다. 이 작용은 먼저 멜라닌 색소의 입자형 색소(granular pigments)가 점차 사라지고 점차 분사형 색소(diffuse pigments)가 제거되는 것이다. 이 과정을 통해서 밝게 하는 것을 '모발을 탈색한다' 고 한다.

(3) 모발을 밝게 하는 방법

① 밝게 하기(lightning)

영구 염색에서 2제의 과산화수소 20vol 6%에 의해 2레벨, 30vol 9%를 3레벨 밝게 할 수 있으며 외국에서는 과산화수소수 40vol 12%로 4레벨까지 밝게 할 수 있다.

② 클린징(cleansing)

어두운 컬러를 하고 나서 그 컬러가 마음에 들지 않아 밝게 하고 싶을때 한다. 클린징으로 어두운 컬러의 인공색소를 제거한 후에 밝은 색조를 도포해야 만이 효과가 있다.

③ 탈색(bleach)

모발에 따라 다르지만 1차 탈색제 도포 후 자연모 베이스를 4~7레벨까지 밝게 탈색시킬 수 있으며 더 밝아지기를 원한다면 탈색제를 닦아내고 새로운 탈색제로 2차 재도포하면 효과 크다.

- 자연모를 인위적으로 밝게 하는 작용을 탈색이라 한다.
- 자연모의 자연색상은 점진적인 멜라닌 색소의 제거에 의해 밝아진다.
- 자연 모발에 탈색제를 도포하면 암모니아는 모발을 부풀게 하고 과산화수소(H_2O_2)와 황산염이 작용하여 산소를 방출케 하여 멜라닌색소의 산화를 인위적으로 일으켜 자연적으로 지니고 있는 멜라닌 색소의 점진적으로 분해하여 색상의 변화를 일으킨다.
- 산소는 멜라닌 색소를 산화시키는데 입자형색소(granular pigments)는 분사형 색소(diffuse-pigments)보다 산화에 민감하여 먼저 제거된다.
- 밝게 탈색 되는 동안 파란색(푸른색)이 제일 먼저 사라지고 적색과 황색만 남아 오렌지색이 된다.

4) 탈색 레벨의 단계변화

- 탈색할 때 변하는 단계에서 시간이 더 걸리는 단계가 있고 빨리 색상이 나오는 단계가 있기 때문에 자주 체크해 보아야 원하는 바탕색을 얻을 수 있다.
- 원하는 바탕색은 원하는 색상의 색조에 따라 다르다.
- 탈색 색상은 흑색에서 붉은보라 그리고 붉은색의 단계로 빨리 옮겨 간다.
- 붉은빛 오렌지 단계로 탈색이 되기 위해서는 시간이 더 걸린다. 황금색(아주 아주 밝은 황갈색)은 다른 단계의 탈색과 비교했을때, 시간이 가장 많이 걸린다.
- 원하는 컬러의 모발색상이 붉은빛 오렌지와 황금색으로 탈색해야 한다면 인내심을 갖는 것이 중요하다. 때때로 탈색제를 너무 빨리 닦아 내려고 하는데 모발이 다음 단계의 탈색으로 들어가기 전 상태에 이를 때가지 탈색하는 것이 좋다.

5) 탈색의 조건

- 모발의 모질
- 작용시간
- 산화제의 농도(3%, 6%, 9%, 12%)
- 도포량
- 온 도

(1) 모발의 모질

탈색하는 자연모발 색상에 따라서 어두운 모발일수록 시간이 더 걸리며 밝은 모발은 빨리 탈색된다. 가는 모발과 두꺼운 모발 중에서 가는 모발이 더 빨리 탈색되며, 모발의 길이가 길면 길이 끝 쪽은 탈색이 잘되지 않으며 많이 손상된 부위는 더 많은 손상을 초래하며 빠른 시간내에 탈색된다. 즉, 모발의 손상된 상태에 따라서 시간이 다르다.

(2) 작용시간

처음 6분 동안 가장 강한 탈색작용이 일어난다. 도포한 후 원하는 밝기에 따라서 50분까지 방치 할 수 있으며 최대 방치시간은 1시간으로 그 이상이 지나도 이미 산화가 다되어서 작용하지 않으므로 더 밝기를 원한다면 닦아 내고 탈색제를 재도포 해야 한다.

(3) 산화제의 농도

쓰는 용도에 따라 산화세의 양은 조절할 수 있다. 산화제 앙이 많아서 묽어지면 시간이 더 오래 걸리고 탈색 레벨이 밝아지기 힘들다. 반대로 산화제 양이 적어도 탈색이 잘되지 않으므로 산화제의 양과 탈색제의 양을 잘 조절하여야 한다.

탈색제의 강도는 사용한 산화제의 볼륨(20v, 30v, 40v)에 따라 달라진다. 볼륨수가 클수록 방출하는 산소의 양이 커진다. 혼합체의 활동속도를 조절하는 것은 함유된 암모니아수의 양에 따라 달라진다.

(4) 도포량과 온도

탈색제의 농도와 양을 많이 도포하면 더 빠르고 실내온도와 두피온도가 높으면 빨리 탈색된다.

(5) 탈색제의 종류

- 오일타입(oil type)
- 크림타입(cream type)
- 가루타입(powder type)

(6) 탈색제의 성분

① 첨가제(persulfate)

촉진제(활성제 · 촉매)라고도 하며 탈색작용을 활성 시킨다.

② 과산화수소(H_2O_2)

- 무향, 무색의 액체.
- 물과 산소로 쉽게 분리되고 열에 불안정한 혼합물이며 암모니아와 혼합되어서 산소를 방출한다.

③ 암모니아수($NH_4OH = NH_3+H_2O$)

- 약알카리 성분의 부풀려지는 성질로 모발 팽창을 유발하고 냄새가 강한 휘발성의 가스로 열이 있는 상태에서 휘발한다.
- 펌의 환원제와 산화염색에 쓰인다.
- 산소의 발생을 도와준다.

④ 탈색제의 사용방법

- 샴푸하지 않고 마른 모발에 시술한다.
- 탈색제 10g+산화제 6~9% 30ml(제품에 따라 1:3 또는 1:2)를 금속이 아닌 플라스틱 용기에 매끄러운 크림 밀도가 될 때까지 부드럽게 잘 섞는다.

⑤ 탈색이 빨리 되는 경우

- 앞이마 부분, 두피에 가까운 쪽, 모발 손상이 많은 부위, 염색모, 가늘고 건조한 민감성 모발, 자연모의 레벨이 6명도 이상일 때 등이다.

⑥ 탈색이 느리게 되는 경우

- 긴머리의 끝부분, 저항성모, 자연모의 레벨이 2 정도, 굵은 지방성 모발.
- 탈색제가 마르지 않게 비닐캡을 쓰거나 알루미늄 호일을 이용하면 더 빠르게 탈색 되어진다.

⑦ 시술시의 주의할 사항

- 화상방지를 위해 두피에서 0.5~1㎝ 정도 띄고 탈색제를 도포한다.
- 네이프 라인부터 사이드 프론트로 두피의 온도가 낮은 부위부터 시술한다.

- 얼룩지는 것을 방지하기 위해 최대한 빨리 작업하며 약액을 일정하게 도포 한다.
- 사용하기 직전에 혼합하여 사용하고 남은 제품은 다음에 쓸 수 없다.
- 두피에서 모발 끝까지 원터치를 하면 두피 쪽이 더 밝게 나온다 그러므로 처녀모의 긴머리는 머리 끝 부분부터 해줘야 한다.
- 최대한 두피의 자극을 방지하며 모발이나 두피에 제품이 남아 있지 않도록 깨끗하게 샴푸한다.
- 손님의 옷이나 시술자의 옷에 묻으면 옷의 컬러가 탈색된다.
- 탈색 레벨을 백금색까지 빼놓고 그 위에 파란색을 입혀야지만 파란색조를 얻을 수 있다.
- 피부 보호와 안전을 위해 시술시는 장갑을 착용한다.

6) 원하는 색조를 얻기 위한 탈색 레벨

최종적으로 원하는 색조를 얻기 위하여 바탕색을 탈색하여야 한다. 먼저 어떤 컬러로 염색할 것인가 정하고 탈색 레벨과 일치하는 단계가지만 탈색한다. 원하는 컬러보다 명도를 불필요하게 많이 높이지 말고 너무 짧은 시간에 빨리 탈색하려고 하지 않아야 모발의 손상을 줄일 수 있다.

빨간 색조를 원할 때도 마찬가지로, 바탕을 어떤 색을 입히느냐에 따라 다르다. 노란 바탕을 입히고 빨간색 셀로판용지를 겹치는 것 보다 빨간 바탕을 입히고 빨간 셀로판용지를 덮는 것이 가장 원하는 빨간 색조를 얻을 수 있다.

탈색 레벨이 어떤 색이냐에 따라 염색이나 코팅의 컬러가 달라진다. 노란 탈색 레벨에 빨간색을 염색한 경우, 몇 번의 샴푸로 빨간 색소가 빠져나가면 바탕색이 노랗게 보인다. 하지만 빨간 탈색 레벨에 빨간 색조가 빠져나가도 우리의 눈으로 보이는 색조는 빨간색이다.

표 4-2. 원하는 색조에 따른 탈색 레벨(bleach level)

색조(refect)	명도(level) 밝게/어둡게
1. 푸른빛(blue) 보라빛(iridescent) 잿빛(ash) 초록빛(green)	원하는 컬러 레벨보다 탈색을 1~2레벨 밝게 하여 바탕색을 만든다.
2. 금빛(gold) 적자빛(mahogany) 노랑빛(yellow)	원하는 컬러레벨과 일치하게 탈색하여 같은 레벨로 바탕색을 만든다.
3. 구리빛(copper) 적빛(red)	원하는 레벨보다 1레벨 어둡게 탈색하여 바탕색을 만든다.

(1) 차가운 색조를 원할 경우

기본 모발색상은 4레벨(갈색)인데 원하는 컬러가 컬러차트에서 8레벨(잿빛 밝은 황금색)를 원한다면 산화제 20vol 6%는 2레벨 이상 밝게 하지 못하기 때문에 원하는 색상인 8레벨을 얻기 위해서는 먼저 탈색을 하여야한다.

1단계 탈색제 + 9% 산화제

2단계 원하는 블리치레벨 (탈색 9레벨)까지

3단계 샴푸, 드라이

4단계 잿빛 밝은 황금색(8레벨) 염모제 도표

5단계 25~35분 방치

6단계 유화 – 샴푸

(2) 금빛 색조를 원할 경우

자연모 베이스 - 갈색(4레벨)

원하는 컬러 - 금빛 아주 밝은 황금색(9레벨)

먼저 탈색으로 탈색 레벨을 원하는 컬러레벨 같은 단계인 9단계(밝은 노랑)까지 바탕색을 만든 다음 염모제 금빛 아주 밝은 황금색을 도포해야 금빛 색조를 얻을 수 있다.

1단계 탈색제 + 9% 산화제

2단계 원하는 탈색 9레벨까지

3단계 샴푸, 드라이

4단계 금빛 아주 밝은황금색 (9레벨)

5단계 25~35분 방치

6단계 유화 – 샴푸

(3) 붉은 색조를 원할 경우

자연모 베이스 - 어두운 갈색(3레벨)
원하는 컬러 - 붉은 황금색(7레벨)

1단계	탈색제 + 9% 산화제
2단계	5~50분 탈색 6레벨 까지
3단계	샴푸, 드라이
4단계	붉은 황금색(7레벨) 염모제 도포
5단계	25~35분 방치
6단계	유화 - 샴푸

(4) 색조를 바꾸기 위한 원리

색조를 바꾸고자 할 때 현재 하고 있는 색조(반사빛)와 염색하고자 원하는 색조가 일치해야 하며 색조가 일치해야만 원하는 결과 색상을 정확하게 얻을 수 있다.

염색은 밝은 색에서 어두운 컬러로 바꾸기 쉽고 금빛 색조에서 붉은색조로 바꾸기는 쉽지만 어두운 색을 밝게 하고 붉은 색조를 금빛색조로는 하기가 어렵다. 보색 단계를 이용하여 무채색의 원리를 응용할 수는 있지만 원하는 색조를 얻기가 힘들다.

예를 들어 모발이 적자빛(마호가니) 색조를 띄고 있는데 금빛으로 변화를 원한다면 원하는 결과 색조를 얻을 수 없다. 적자빛 바탕에 금빛 셀롤판를 입으면 깨끗한 금빛이 나지 않는 것과 같다.

다음 도표는 현재의 색조(전에 했던 염색)를 원하는 색조(재염색)로 바꾸는 것을 나타낸 것이다.

	현재의 색조	원하는 색조	예	아니오
1	구리빛(copper)	적빛(red)	V	
2	금빛(gold)	구리빛(copper)	V	
3	잿빛(ash)	금빛(gold)		V
4	보라빛(violet)	적빛(red)		V
5	구리빛(copper)	금빛(gold)		V
6	잿빛(ash)	적빛(red)		V
7	보라빛(violet)	구리빛(copper)		V
8	구리빛(copper)	잿빛(ash)		V
9	푸른빛	그린(green)	V	

위 표에서 알 수 있듯이 금빛 → 구리빛 → 적빛 색조 순으로 염색할 수 있으며 차가운 컬러의 색조에서 따뜻한 컬러의 색조로 또는 따뜻한 컬러의 색조에서 차가운 컬러의 색조로 바꾸는 것은 불가능하므로 반사빛을 없애면 가능하다.

단, 붉은 색조를 중화하여 갈색으로 하고 싶을 때 잿빛, 그린 색조를 사용한다.

표 4-3. 기본 레벨에 따른 이상적 레벨 색상 중화

자연모 레벨 명	블리치 레벨	이상적 반사빛	중화색상(보색)
10. 아주아주밝은 황갈색 (황금색)	아주 밝은 노랑	.03	.01, .32, .31
9. 아주밝은 황갈색	밝은 노랑	.03	.2
8. 밝은 황갈색	노랑	.3	.2
7. 황갈색	노랑 오렌지	.43 .34	.1
6. 어두운 황갈색	오렌지	.4	.1
5. 밝은 갈색	붉은 오렌지	.5	.1
4. 갈색	빨강(적색)	.6	.1
3. 어두운 갈색	빨강(적색)		
2. 아주어두운 갈색	빨강(적색)		
1. 흑색	빨강(적색)		

V

모발 염색의 시술

제5장 모발염색의 시술

1. 헤어컬러 시술 순서

① 패치테스트
② 고객카드 작성
③ 모발 진단
④ 제품선정
⑤ 혼합
⑥ 블로킹
⑦ 약액 도포
⑧ 작용시간
⑨ 색상 테스트
⑩ 유화 작업
⑪ 샴푸, 마무리
⑫ 홈 헤어 케어

1) 패치 테스트(Pach test)

법으로 규정되어 있는 패치 테스트는 염모제에 들어 있는 염료에 대해 알레르기가 있는지 미리 알아 볼 수 있는 매우 중요한 테스트이다. 처음 염색을 하는 고객에게 알레르기가 있는지 조사하고 만약 반응(가려움증, 붉은 반점)이 보이면 즉시 염색약을 지워야 한다. 알레르기에 반응하는 고객은 매우 드물게 나타나며 그 범위는 1/100,000로 측정된다(아토피 피부 주의).

(1) 정 의

영구적인 염색을 원하는 고객의 피부에 대한 알레르기 반응검사이다. 염색시술 48시간 전에 반드시 시행하여야 한다.

(2) 패치 테스트의 순서

① 팔의 안쪽 또는 귀뒤쪽 머리카락이 난 주변의 피부를 알코올(에테르)로 적신 솜으로 소독한다.
② 염색제와 산화제를 최소량 정해진 용법대로 조제하여 위의 부위에 동전 크기로 바른다.
③ 자연건조 시킨 후 씻지 말고 48시간 동안 방치한 다음 피부에 나타나는 결과를 본다.

(3) 패치 테스트의 결과

① 네가티브 반응 : 피부에 아무런 증상이 나타나지 않는다. 모발의 염색이 가능하다.
② 포지티브 반응 : 피부가 붉어지고, 가렵고, 부종과 수포 등이 생길 경우 모발에 염색을 하여서는 안된다.
③ 패치 테스트의 결과가 네가티브 반응일지라도 시술 도중에 다음의 경우가 생기면 즉시 염색을 중단하고 염모제를 잘 씻어내고 중화하도록 한다.

- 두피가 콕콕 찌르듯이 아플 경우
- 눈에 통증이 있을 경우
- 아마와 목부분이 붉어질 경우
- 그 외의 불편함

2. 염색 시술전 주의사항

1) 고객과의 상담

- 고객의 개성
- 활동성
- 얼굴 모양과 색
- 눈동자와 눈썹의 색
- 취향
- 나이
- 직업
- 헤어컷 디자인

(1) 모발의 색과 이미지의 관계

- 짙은색은 딱딱해 보인다(주름살이 없거나 젊은 여성)
- 밝은색은 부드럽게 보인다.
- 강렬한 반사색(구리빛, 보라빛, 붉은빛)은 시선을 집중시키므로 신중하고 조용한 사람에게는 권하지 않는다.
- 선이 부드러운 헤어스타일에는 밝고 반사색이 뚜렷한 색이 잘 어울린다.
- 커트의 선이 분명한 경우 짙은 색이 어울린다.

(2) 기 타

고객의 백모량이 70%를 넘으면 잘 어울리지 않더라도 본래의 모발보다 밝은 색으로 염색하도록 한다. 백모가 다시 자랐을 때 이전의 염색된 부분과의 부조화를 조금이나마 완화시킬 수 있다.

2) 고객에 대한 주의사항

- 염색전용의 가운과 염색용 수건의 준비
- 페치 테스트의 결과에 대한 검토
- 염색시술 동안 끊임없이 고객의 안전을 살핀다.

3) 시술자에 대한 주의사항

- 장갑의 착용
- 염색전용 앞치마

염모제 안에 들어 있는 사용설명서 참고 한다

⇨ 사용전 주의사항

- 염모 전에는 필히 다음의 패치테스트를 행하십시오
  - 우선 팔안쪽 또는 귀뒤의 모발이 난 주변의 피부를 비눗물로 씻고 탈지면으로 가볍게 닦습니다.
  - 다음에 사용할 염모제를 소량의 비율로 혼합하여 실험액을 몇방울 만듭니다.
  - 액이 준비되었으면 우선 세척 부위에 동전 크기로 바른 후 그대로 48시간 동안 방치 합니다.
  - 48시간이 지나서 이상이 없는 것을 확인하여 염모를 하고, 만약 48시간 이내에 가렵거나 붓든가 자극등의 이상을 느낄 때는 바로 씻어내고 염모해서는 안됩니다.

⇨ 다음에 해당하는 경우는 사용을 금합니다.

- 피부 실험에서 발적, 수포 등의 이상이 생겼을 때
- 두피, 안면, 목에 종기, 상처, 피부병이 있는 경우
- 임신중 또는 임신하고 있을 가능성이 있는 경우
- 생리시, 출산후, 병중, 병후의 회복기 등 신체에 이상이 있는 경우

⇨ 다음 경우에는 신중히 사용하십시오.

특이체질 또는 신장질환, 혈액질환 등의 병력이 있는 사람은 피부과 전문의사와 상의하여 사용하십시오.

⇨ 부작용

염모제 사용 중 염증 등 이상이 생겼을 경우에는 피부과 전문의사의 진찰을 받아야 하며 이상 부위를 손 등으로 긁어서는 안 됩니다.

⇨ 염모 조작상의 주의사항

- 염모 약액 및 머리 감은 물이 눈에 들어가지 않도록 주의하고 만일 눈에 들어갔을 때는 우선 물 또는 미지근한 물로 씻어내고 바로 안과 전문의의 진단을 받을 것, 자신의 판단으로 안약 등을 사용치 마십시오.
- 안면, 목 등에 가능한 한 묻지 않도록 하고 약액이 묻었을 때는 바로 물 등으로 씻어내십시오.
- 눈썹, 속눈썹 등에는 염모하지 마십시오.
- 면도 직후에는 염모하지 마십시오.
- 염모 직후 1 주일간은 퍼머를 하지 마십시오.
- 공중목욕탕 등에서의 사용은 오염 등 주의사람들에게 불편을 끼치므로 공공장소에서는 모발염색을 피하십시오

(1) 고객과의 상담(Dialogue with the client)

- 컬러 시술이 들어가기 전에 고객과 충분한 시간을 갖고 상담하는 것이 고객이 원하는 색상을 얻는데 중요하며 고객의 모발을 파악하고 고객과 대화하는 시간을 갖는다.
- 고객이 마음속에 생각하고 있는 모발 색상을 디자이너가 이해하기 위해 컬러차트, 컬러책, 잡지 등을 제시하여 고객의 결정을 돕고 결정한 컬러에 대해 서로 충분히 이해한다.
- 모발 상태가 어떠한지를 체크하여 상담하고 손님이 원하는 컬러에 대하여 정확히 알아야 한다.
- 나이와 직업, 피부톤 등이 컬러를 결정하는데 중요한 역할을 한다.
- 전에 헤어제품의 사용시 부작용 여부확인
- 염색, 코팅, 펌 시기
- 지난 염색 후에 펌을 했는지 여부 확인
- 인공색소의 잔재 여부와 두피의 상태를 조사하고 모발의 밀도와 길이는 제품의 양을 결정지어 준다.
- 손님이 원하는 컬러가 가능하지 않을 때는 그것에 대해 손님이 이해할 수 있도록 충분한 설명을 해서 결과색상에 대해 고객이 만족 할 수 있도록 한다.

(2) 상세한 진단(Detailed diagnosis)

아래의 항목들은 염색을 하기 전 세밀히 진단해야 할 부분들이다. 습관화 될 수 있도록 자연모의 레벨과 염색모의 기본레벨을 외워서 체크해 보자.

자연모 레벨	3
백모의 %	0
새로자란 길이	5cm
길이의 레벨	8
길이의 색조	금빛
모발끝 레벨	10
모발끝 색조	백금
손상도(민감성)	중간
원하는 색상	적빛 황금색
색조의 적합성	적합
이상적인 바탕색	6(오렌지)

■ 모발진단의 방법

자세히 보고, 자세히 만지고, 자세히 듣고「염색하기 쉬운」,「염색하기 어려운」등의 모발을 체크한다.

■ 고객의 라이프스타일 체크

〈염색하기가 쉽다〉		〈염색하기가 어렵다〉
퍼머, 컬러모발	◀ 이력 ▶	버진헤어
부드러운 보발	◀ 경고성 ▶	단단한 모발
흡수모발	◀ 흡 · 발수성 ▶	발수모발
밝다	◀ 명도 ▶	어둡다
무	◀ 코팅 ▶	유
대	◀ 손상도 ▶	소

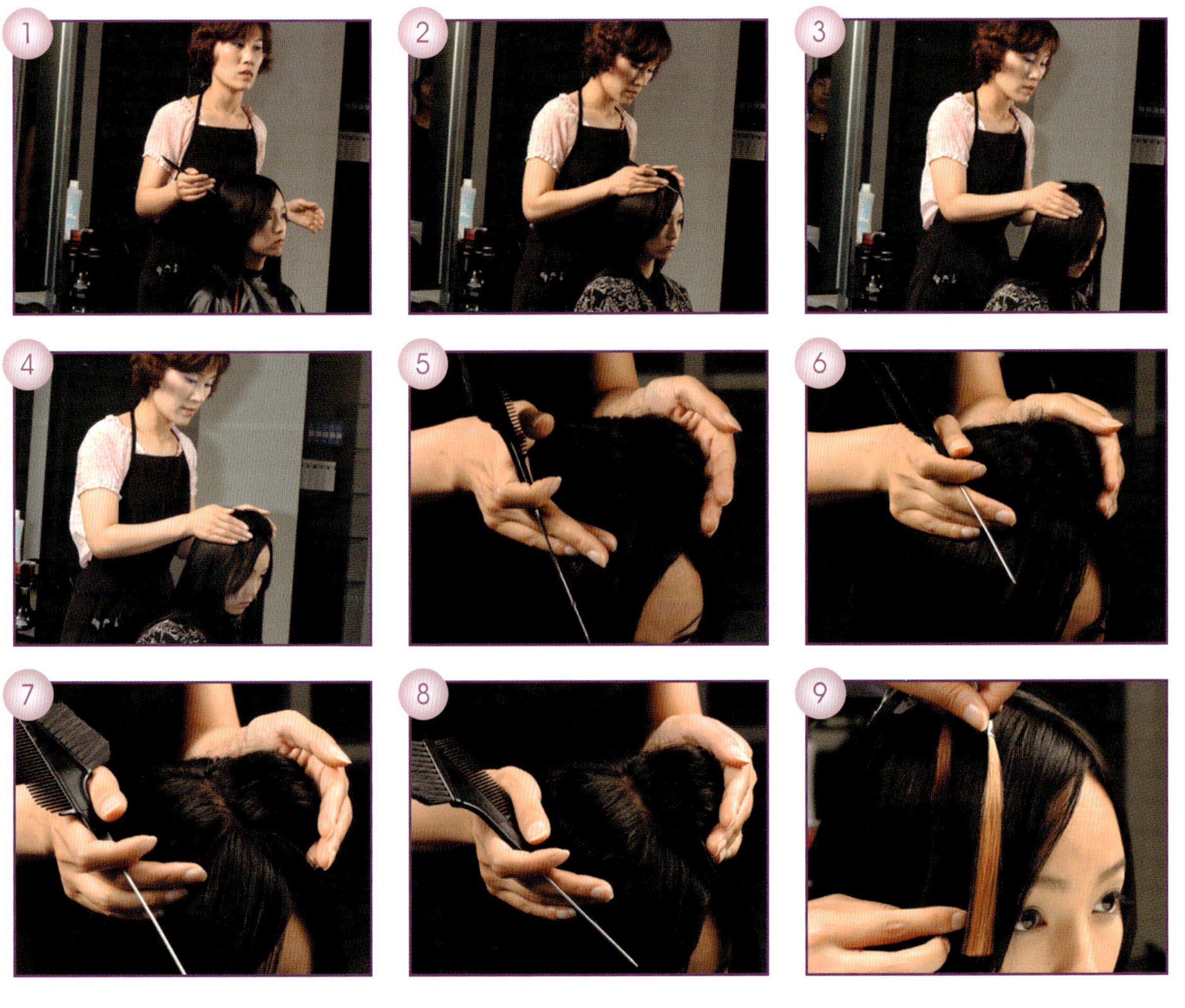

모발 진단서(Hair diagnosis)의 예 [A형-1]

진단서

성명(name) : 날짜(date) : , ,

연락처(tel) :

시술자(technician) :

모발의 내추럴 베이스(natural base of the hair) :

신생부의 길이(length of regrowth) :

신생부의 길이(length of regrowth) :

백모분포정도 % of whith hair ☐ – 50% ☐ + 50%

길이의 컬러레벨(color level of lengths) :

길이와 끝부분의 색조(reflects on lengths and ends) :

원하는 색상(desired color) :

적용될 색상의 선택(choice of oxydant) :

☐ 10vol ☐ 20vol

길이의 민감도의 정도(degree of sensitisation) :

약하다(weak) ☐ 보통(average) ☐ 강하다(strong) ☐

시술전 테크닉(technique before application) :

혼합(mixture) :

모근부분 시술 방치시간(root application develoment time) :

길이 시슬 방치 시간(lenghs application develoment time) :

미용실에서 사용된 헤어케어(hair care applied in the salon) :

홈케어 어드바이스(recommended beauty follow-up) :

모발 진단서(Hair diagnosis)의 예 [A형－2]

세심한 진단 = 응용(적용 테크닉)

자연모의 레벨	
백모의 %	
신생모의 길이	
길이의 레벨	
길이의 반사 빛	
끝의 레벨	
끝의 반사 빛 정도	
두발의 손상도	
손님의 요구	
색상과의 일치성	

사용해야 할 테크닉

조언 페이지 두발의 준비

테크닉	
제 품	
혼 합	
도 포	
비 고	

염색의 준비

모발 진단서(Hair diagnosis)의 예 [B형]

모델명 성 별 : 남, 여

날 짜 : 년 월 일 시술자 :

자연모발 색 :

희망색 :

▶ 자연색과 희망색의 차이

• 희망색 계산 :

▶ 제품선택(1제)

▶ 시술전 테크닉

▶ 흰모발의 비율

• 25% • 50% • 75% • 100% • 기타

▶ 사용량(제1제)

▶ 제 2제

• 산화제 6% • 산화제 9% • 물 • 기타 • 사용량

▶ 염색분류

멋내기

• 처음염색 : shot • 재염색 : 신생부 3cm 이하

long 신생부 3cm 이상

• 탈색 여부 • 기법활용

▶ 작용시간

• 자연방치 • 캡 • 기타 • 전체시간

▶ 기염부 염색 – 염색약+ 온수

• 직연연장 • 반연연장 • 종연연장 • 기타

▶ 도포방법(그림 그리기)

▶ 염색결과

▶ 후처치 및 홈케어

3. 명도 선택 차트(Level selection chart)

원하는 결과색상을 만들기 위해 염모제 레벨의 처방을 결정하는데 도움을 준다.

염모제 레벨과 색조를 선택하는데 주의하여야 할 점은 다른 색상들과 혼합하여 처방하지 않아야 원하는 결과색상을 정확하게 얻을 수 있다. 예전에는 살롱에서 5~6가지의 색상만 주문해 놓고 섞어서 썼는데 이렇게 하면 정확한 결과색상을 얻을 수 없다. 현재 우리나라는 회사별로 20~70가지 정도의 색상이 있다.

혼합할 때는 따뜻한 계열의 색조와 차가운 계열의 색조를 함께 혼합하지 말아야 하며 따뜻한 색조는 따뜻한 계열만, 차가운 색조는 차가운 계열만 혼합한다. 예를 들어 금빛과 잿빛을 혼합하면 탁한 색조가 된다(중화). 또 7레벨이 없어서 6레벨과 9레벨을 섞어서 쓰면 정확한 레벨을 알 수 없으며 다음에 그 손님이 같은 컬러를 원했을 때도 처방하기 어렵다.

색상 가이드

레벨명	레벨	.0반사빛 없음	.1재빛	.2보라빛	.3금빛	.4구리빛	.5자주빛	.6적빛	.7녹색빛	블리치 레벨
매우(아주아주밝은갈색)	13									아주아주 밝은노랑
아주밝은갈색	12									
아주아주밝은 황갈색	10									아주밝은 노랑
아주밝은 황갈색	9									밝은노랑
밝은황갈색	8									노랑
황갈색	7									노랑 오렌지
어두운황갈색	6									오렌지
밝은갈색	5									붉은 오렌지
갈색	4									적색
어두운 갈색	3									
아주어두운 갈색	2									
흑색	1									

1) 헤어컬러와 조명

햇빛에서의 색상은 인공광에서 보다 더 선명하게 보일 것이다. 이렇게 색상은 어떠한 광원보다 자연광에서 더 선명하게 보여진다. 고객이 컬러링 후 살롱에서보다 밝은 햇빛 아래로 나갔을 때 색상은 더 선명하게 반사빛도 잘 보이는 것을 기억해둬야 한다.

(1) 햇빛

태양으로부터 오는 빛은 백색광이라 부르며 가장 강력한 빛이다. 살롱에서의 조명은 가능한 한 자연햇빛에 가깝도록 설치되어야 컬러의 색을 제대로 볼 수 있다.

(2) 백열광

백열광은 천연의 햇빛에 매우 가까운 빛으로 피부나 헤어컬러가 그 자체 색에 가장 가깝게 반사되어진다. 백열등을 켰을 때 필라멘트로부터 노란빛을 발산하는 보통의 등이다. 빛이 강할수록 컬러를 보는데 좋다. 요즘은 살롱의 조명으로 할로겐 조명이 햇빛과 유사하다.

(3) 형광

형광등으로부터 나온 빛은 푸른 기미의 빛으로 컬러를 실제보다 푸르고 희끄무레하게 보이게 한다. 실제의 색과 달라 보이므로 염색할 때의 조명으로는 바람직하지 않다. 형광등 종류에 따라 파장이 다른 빛을 내는데 데이라이트 형광등은 살롱에서 사용하기 좋다.

4. 컬러 도포방법(Technique of application)

고려되어야 할 사항	문 제 점	테 크 닉
백 모	고객의 흰머리가 몇 %인가 체크한다.	백모 커버 (white hair)
처녀모	처음 컬러를 하는지 체크 패치테스트 (알레르기 반응 여부)	처음 염색 (virgin hair)
2레벨 이상 밝게하기	탈색제를 사용하여 새로운 바탕색을 체크 (3레벨 이상)	탈색 + 염색 (bleach + color)
재염색	전에 언제 염색했는지 체크	재염색 (retouch)
밝은 색상에서 어두운 색상으로 하고자 할 때 (3레벨 이상 차이)	정상모	컬러 매치 (color match)
	민감한 모발	프리피그먼테이션 (pre-pigmentation)
저항모	처녀모, 백모	프리소프트닝 (pre-softening)
원하는 색조와 현재의 색조가 일치하지 않을 때	색조 결정	클린징 (cleansing)
어두운 색상에서 밝은 색상으로 바꾸려 할 때	색상 결정	딥클린징 (deep cleansing)

1) 백모 염색(White hair)

- 흰머리를 확실하게 염색하기 위해서는 흰머리의 양과 많이 난 곳을 잘 파악하여야 한다.
- 헤이스라인 부분과 흰머리가 많은 부분을 먼저 발라놓고 염색제의 양으로 조절한다.
- 작용시간과 도포량은 충분히 한다.
- 기본 색조의 비율은 흰머리의 양만큼 혼합한다.
- 백모커버를 할 수 있는 기본색상 1/2 + 금빛 밝은갈색 1/2을 혼합하여 시술한다.
- 재염색시 한번에 원터치로 하면 재염색 부위는 염색의 색소가 쌓여서 더 어두워지므로 주의하여야 하며 투터치 하여 재염색 부위는 연연장 기법(온수혼합)을 사용한다.

백모비율 규칙-예 (A형)

흰머리 양	기본색 : 희망색
30%	1 : 3
50%	1 : 1
70%	3 : 1

백모비율규칙- 예(B형)

차가운 계열 1/2 기본색상과 혼합	따뜻한 계열 1/2 금빛색상과 혼합
예	
9.1 - 9.22 ──► 9	9.04 ──► 9.3
8.1 - 8.2 ──► 8	8.42 - 8.34 ──► 8.3
7.1 - 7.13 ──► 7	7.40 - 7.43 ──► 7.3
6.1 - 6.23 ──► 6	6.45 - 6.52 ──► 6.3
5.1 - 5.15 ──► 5	5.31 - 5.52 ──► 5.3
4.26 - 4.16 ──► 4	4.56 - 4.45 ──► 4.3

(1) 시술방법 순서

① 흰머리는 앞에서부터 시술한다.
② 흰머리가 많은 부분부터 시술한다.
③ 처녀모 부분을 시술한다.
④ 재염색은 뒤에서부터 시술한다.

1

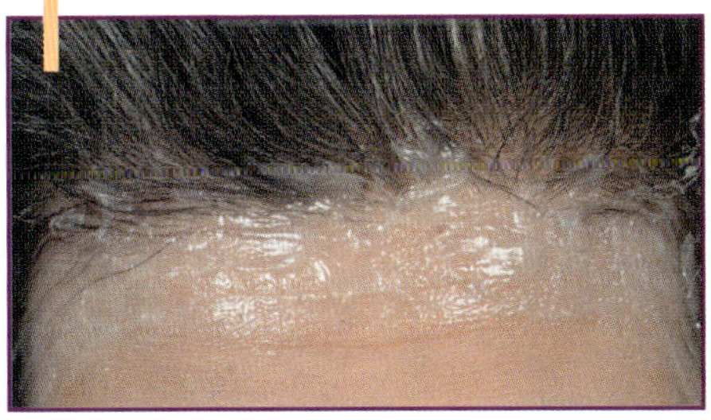

2

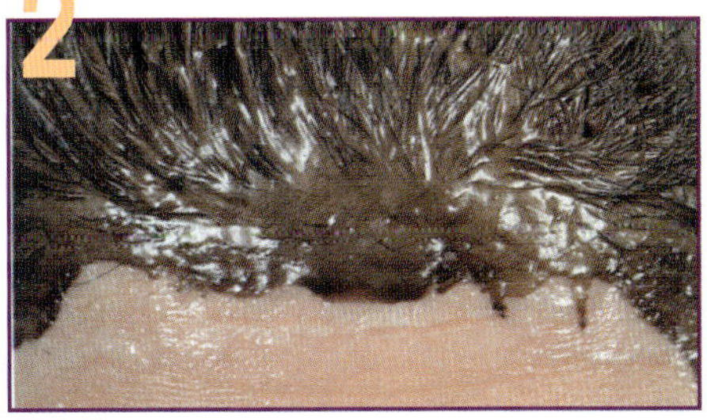

3

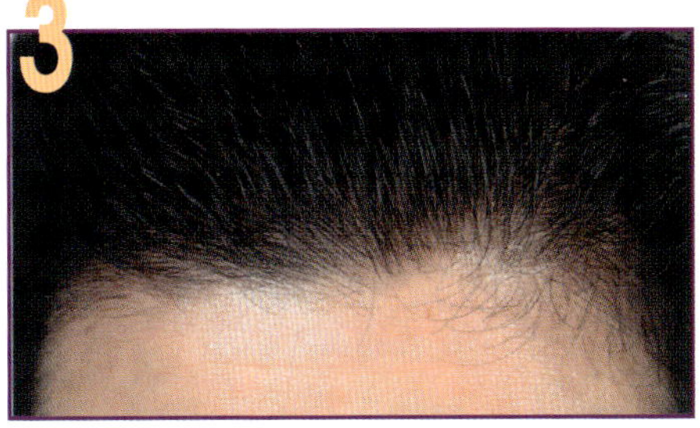

(2) 샴푸시 주의사항

유화(emulsify) 작용

염색모발을 샴푸하기 전에 따뜻한 물을 조금씩 묻혀 가면서 맛사지하여 유화 시켜서 온수로 깨끗하게 샴푸하고 산성린스를 사용하여 알카리에 팽창된 모발의 pH를 중화한다.

이렇게 샴푸하면 착색이 불안정한 색소를 안정되게 착색시켜 주며 모 표피와 두피에 묻은 염색제가 잘 지워지도록 하는 작용이다. 샴푸 후에 훼이스 라인에 묻은 염모제가 잘 지워지지 않았을 때는 컬러 리무버로 지워준다.

(3) 백모의 염색 1

백모량이 50~100%, 따뜻한 계열을 원하는 경우

➩ 혼합

원하는 색상과 같은 명도의 (.3)을 1/2

+

원하는 색상 1/2

+

산화제 20vol

➩ 도포

두발의 뿌리에서 끝까지(앞부분에서 뒷부분으로)

➩ 방치시간

35~40분 자연 방치

예: | 원하는 색상 4.45
사용 베이스 색상 4.3 | → | 1/2 4.45 + 1/2 4.3 + 산화 vol |

도포 뿌리에서 끝까지, 앞에서 뒤로 자연 방치 35~40분, 액상화 5분, 샴푸

(4) 백모의 염색 2

백모 50~100% 차가운 계열을 원하는 경우

⊃ 혼합

원하는 색상과 일치하는 기본색상 1/2
+
원하는 색상 1/2
+
산화제 20vol

⊃ 도포

두발의 뿌리에서 끝까지(앞부분부터 시작)

⊃ 방치시간

35~40분 자연 방치

예: 원하는 색상 5.20
사용 베이스 색상 5 → 1/2 5.20 + 1/2 5 + 산화제 20vol

두발 뿌리에서 끝까지, 앞에서 뒤로 30~40분 자연방치, 5분간 액상화, 샴푸

(5) 백모의 염색 3

자라나온 백모에 염색을 시술할 경우

⊃ 혼합

원하는 색상과 일치하는 기본색상 1/2
+
원하는 색상 1/2
+
산화제 20vol

⊃ 도포

뿌리부분에만 도포(자라나온 부분인 대략 2cm까지)

⊃ 방치시간

35분 자연방치, 기염부에 연연장기법(온수혼합) 이용 5분추가 방치

⊃ 주의사항

절대 뿌리에서 끝까지 원 터치를 하지 않는다.

끝 부분의 색상의 겹침으로 일어나는 어두워지는 현상을 방지하기 위해서이다.

백모도포 기염부 테크닉

기염부에 색상이 퇴색된 경우

1. 혼합	백모커버용이나 훨러색상 3cm + 온수 10ml
2. 도포	①에 도포
3. 작용시간	시간 두지 않고 즉시
4. 혼합	원하는 컬러 + 산화제 20vol
5. 도포	①, ②에 도포
6. 작용시간	40~50분
7. 샴푸	유화 – 샴푸

기염부에 색상 변화가 거의 없을 때

1. 혼합	기본색이나 따뜻한 색조 훨러색상 3cm + 온수 10ml
2. 도포	①에 도포
3. 작용시간	시간 두지 않고 즉시
4. 혼합	원하는 컬러 + 산화제 20vol
5. 도포	①신생부에
6. 작용시간	15~20분
7. 도포	②기염부에
8. 작용시간	15~20분
9. 샴푸	유화 – 샴푸

2) 처녀모 염색(Virgin hair)

염색을 처음 하는 모발로 큐피클이 단단해서 시간을 충분히 두고 체크해야 한다. 염색은 짧은 모발과 긴 모발로 나누어 시술한다.

(1) 밝게 하기(Going light) 1~2 레벨 경우

① 짧은 머리 20cm 기준

1. 혼합	원하는 컬러 + 산화제 20vol
2. 도포	①에 도포
3. 작용시간	15~20분
4. 도포	②에서 ①까지 도포 (새로만든 염모제)
5. 작용시간	20~30분
6. 샴푸	유화 – 샴푸

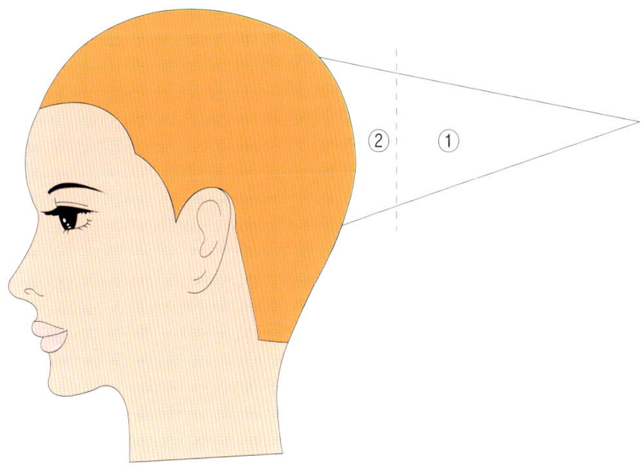

주의점 : ②의 시간을 잘 조절 하여야 한다.
두피부문의 조금만 밝아도 많이 밝아 보이기 때문이다.

② 긴머리 20cm 이상

단계	내용
1. 혼합	원하는 컬러 + 산화제 20vol
2. 도포	①에 도포
3. 작용시간	10~15분
4. 도포	②에 도포
5. 작용시간	10~15분
6. 샴푸	③에 도포 원하는 컬러 + 산화제 20vol
7. 작용시간	20~30분
8. 샴푸	유화 – 샴푸

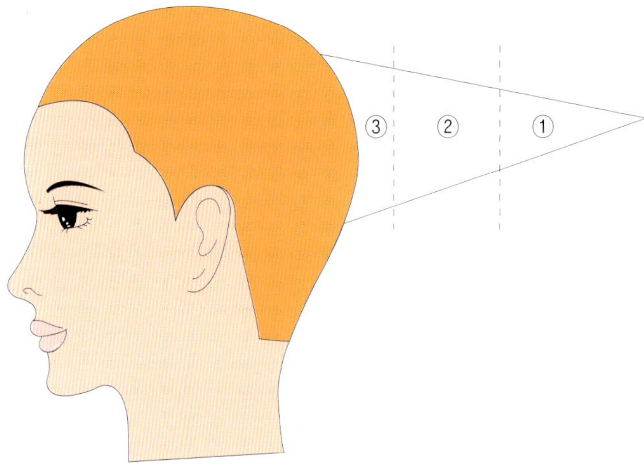

롱헤어는 모발끝으로 갈수록 큐티클 층이 단단해져서 염색이 잘 되지 않는 부분이다. ①을 도포하고 충분한 시간이 지난 뒤 색의 변화가 나타나면 ②를 도포 한다.

(2) 2레벨 이상 밝게 할 경우(애벌 탈색)

현재 사용하는 산화제 20vol은 2레벨 이상 밝게 할 수 없으므로 3~4 레벨업 시킬 때는 애벌 탈색으로 원하는 바탕색을 밝게 만들어 준 다음 염색해야 원하는 명도를 얻을 수 있다.

예를 들어 현재의 모발 : 4레벨, 원하는 색상 : 8레벨 일 때

1. 혼합 — 애벌 탈색
뿌리에서 1.5띄고
전체도포
탈색제 10g
+
산화제 30ml
2. 도포 — 모발 전체에 섹션을
떠서 골고루
3. 작용시간 — 5~30분
4. 세척 — 세척 – 드라이
5. 혼합 — 원하는 컬러
+
산화제 20vol
6. 도포 — 원터치 도포
7. 작용시간 — 25~35분
8. 샴푸 — 유화 – 샴푸

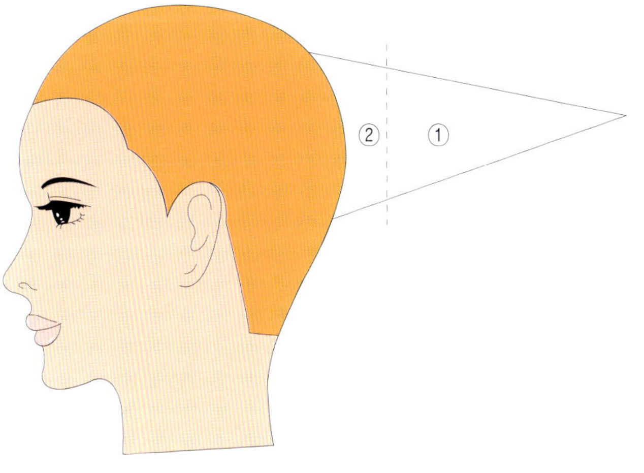

(3) 1레벨 밝게 할 경우(샴푸 블리치)

단계	내용
1. 혼합	샴푸 블리치 탈색제 10g + 산화제 30ml + 샴푸 6ml + 온수 60ml
2. 도포	모발 전체에 섹션을 떠서 골고루
3. 작용시간	5~30분(원하는 컬러와 일치하는 블리치 레벨까지)
4. 세척	샴푸 – 드라이
5. 혼합	원하는 컬러 + 산화제 20vol
6. 도포	원터치 도포
7. 작용시간	25~35분
8. 샴푸	유화 – 샴푸

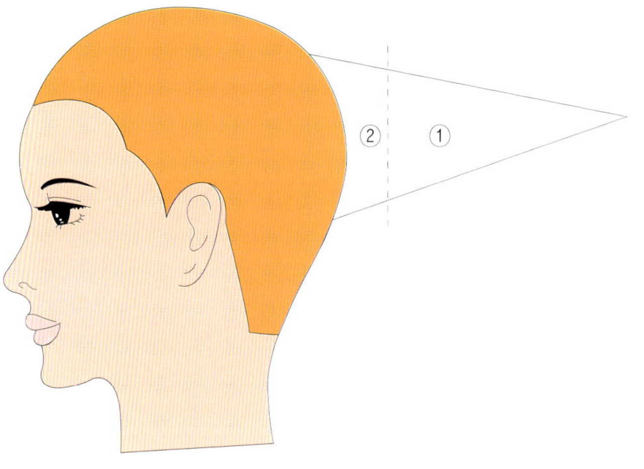

(4) 어둡게 할 경우(going dark)

단계	내용
1. 혼합	원하는 컬러 + 산화제 20vol
2. 도포	①에 원터치 도포
3. 작용시간	5~35분
4. 세척	유화 – 샴푸

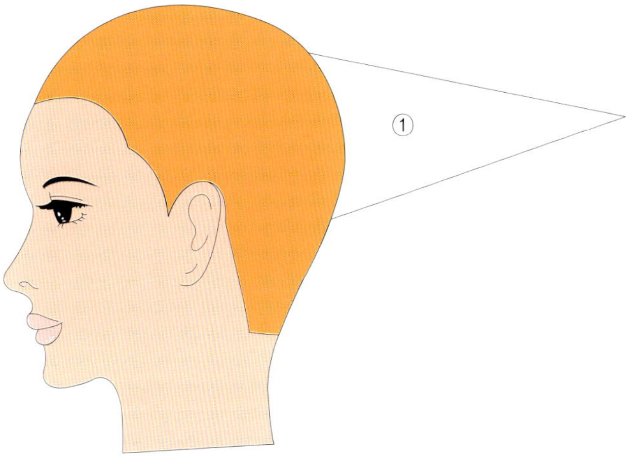

3) 재염색 시술(Regrowth application)

새로 자란 신생부(3cm이하)에만 먼저 염모제를 도포하고 염색되어 있는 부분이 원하는 컬러의 명도와 다음과 같이 차이가 날 때 적용한다.

	기염부의 퇴색정도	신생부 방치시간	재염색 부분 방치시간
1	약간 퇴색(색조만)	20~25분	5~10분
2	1레벨 차이나게 퇴색	10~15분	15~20분
3	2레벨 차이나게 퇴색	25~35분	원터치
4	3레벨 차이나게 퇴색	25~35분	컬러매치 또는 프리그먼테이션

(1) 약간 퇴색된 경우(Little fading)

① 재염색시 신생부 3cm 이하일 때

원하는 컬러와 기염부의 색상의 변화가 거의 없이 약간 퇴색되어 윤기와 색조의 선명함을 원할 때

1. 혼합: 원하는 컬러 + 산화제 20vol
2. 도포: ①에 도포
3. 작용시간: 20~25분
4. 도포: ②와①에 도포 (남은약액 + 온수15ml)
5. 작용시간: 5~10분
6. 샴푸: 유화 – 샴푸

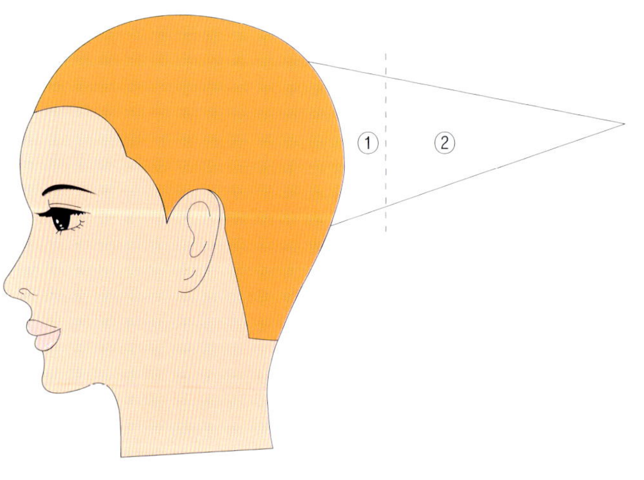

② 재염색시 신생부 3cm 이상일 때

단계	내용
1. 혼합	원하는 컬러 + 산화제 20vol
2. 도포	①에 도포
3. 작용시간	20~25분
4. 도포	②에 도포
5. 도포	③에 도포 (남은약액 + 온수15ml)
6. 작용시간	5~10분
7. 샴푸	유화 – 샴푸

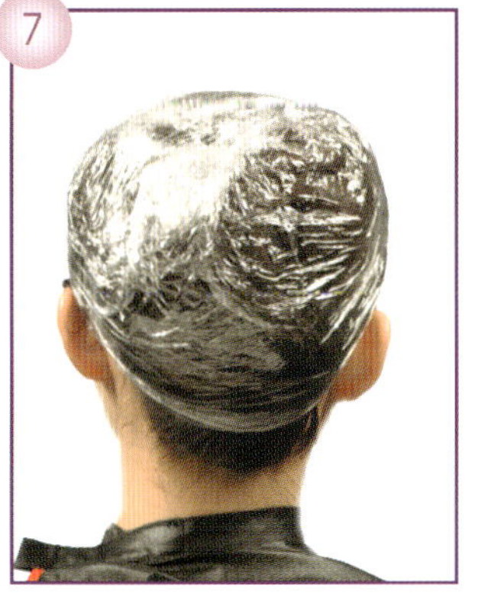
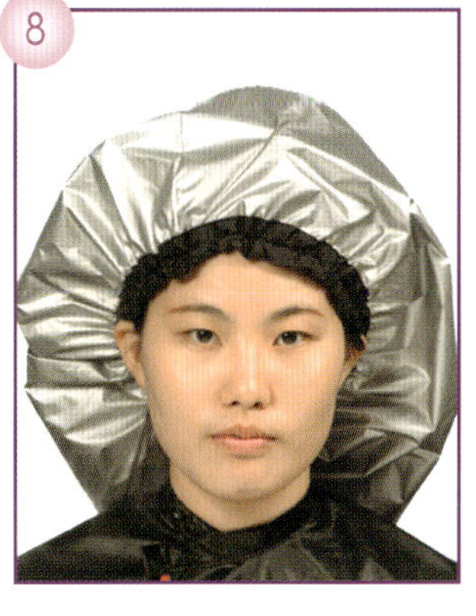

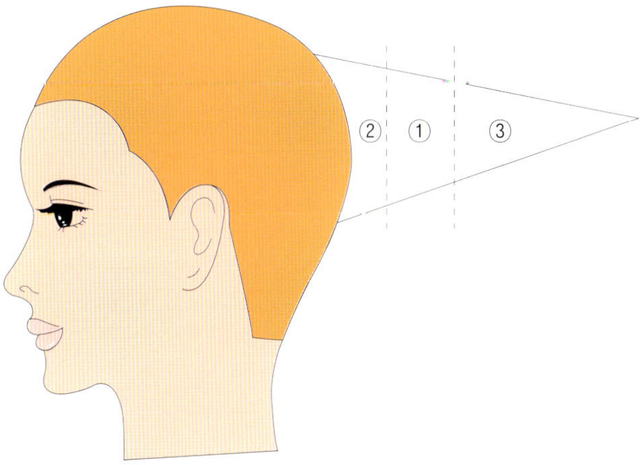

(2) 1레벨 차이 퇴색된 경우(1 level fading)

① 재염색시 원하는 컬러보다 1레벨 차이 나게 퇴색됐을 때 도포하는 방법

1. 혼합	원하는 컬러 + 산화제 20vol
2. 도포	① 신생부에
3. 작용시간	10~15분
4. 도포	② 기염부에
5. 작용시간	10~20분
6. 샴푸	유화 – 샴푸

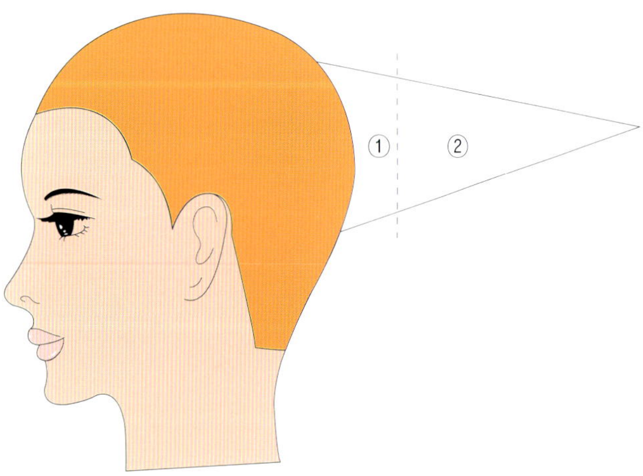

② 2레벨 차이 나게 퇴색된 경우 (2 level fading)

재염색시 원하는 컬러보다 2벨 차이나게 퇴색됐을 때 도포하는 방법

1. 혼합	원하는 컬러 + 산화제 20vol
2. 도포	① 신생부와 기염부에 원터치
3. 작용시간	25~35분
4. 샴푸	유화 – 샴푸

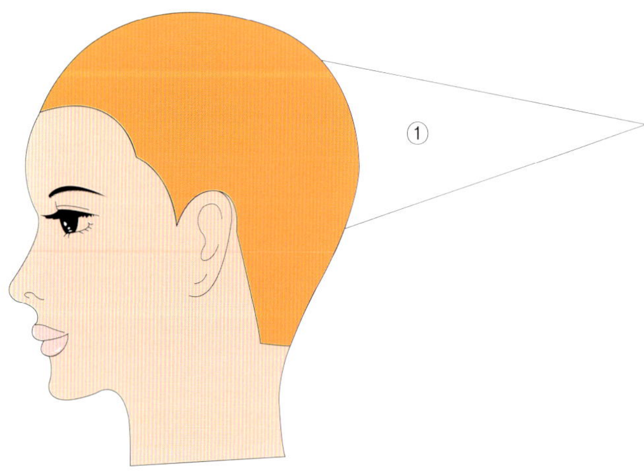

4) 컬러 매치(Color match)

재염색시 원하는 색상보다 3레벨 정도까지 밝은 상태이며 모발 손상이 심하지 않은 경우에 적용한다.

색상을 오랫동안 유지해 주고 레벨의 차이가 없이 얼룩지지 않게 해주는 방법으로 색소를 더 주기 위하여 1제의 훨러(선착색)색상을 다음과 같이 사용한다.

1. 혼합 — 원하는 컬러 + 산화제 20vol
2. 도포 — ① 신생부에
3. 작용시간 — 방치시간 없이 즉시
4. 혼합 — 남아 있는 약제 + 훨러색 3cm 온수 10ml (양은 길이에 따라 조절)
5. 도포 — ②기염부에
6. 작용시간 — 25~35분
7. 샴푸 — 유화 – 샴푸

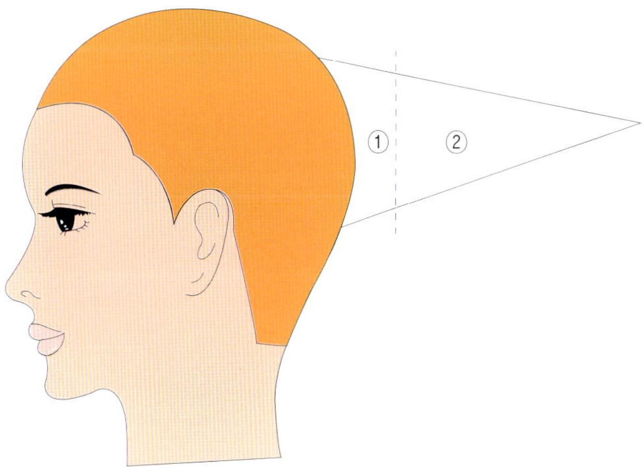

* 산화제를 넣지 않는 이유는 이미 밝아져 있어서 탈색할 필요가 없기 때문에 훨러색상으로 색소만 채워준다.
* 긴머리인 경우는 5㎝ 까지의 사용이 무방하다.

5) 휠러(Filler)색상

애벌색상 또는 선착색상이라고도 하는데 이런 경우에 사용할 수 있다.

① 특별히 모발이 심한 다공성이어서 염색 색상이 고루 흡수되지 않아 얼룩질 가능성이 있을 때 사용한다.

② 모발이 약하고 너무 탈색이 많이 된 부분에 염색하기 전에 색소를 채워 주어서 바탕색을 어둡게 만들 때 사용한다.

휠러색상	자연모와 같은 레벨색상
	원하는 컬러보다 1레벨 어두운 색상
	원하는 컬러와 같은 레벨의 색상
	원하는 컬러와 같은 레벨의 따뜻한 색조
	백모커버색상
	백모 50% 이상 → 백모커버색상

예를 들어 원하는 색상이 5레벨 밝은 갈색인데 모발끝이 8레벨 밝은 황금색(밝은 황갈색)으로 퇴색되어 있으면 새로 자란 부분과 컬러를 맞추기 위해 재염색 부분에 4레벨 또는 같은 5레벨 또는 따뜻한 색조의 금빛갈색을 휠러색상으로 사용할 수 있다.

휠러색상을 써서 컬러매치한 염색과 하지 않은 염색과의 차이는 몇 번의 샴푸로 인한 퇴색의 정도로 알 수 있는데 컬러 매치한 염색의 색상이 퇴색이 덜 된다.

6) 프리 피그먼테이션(Pre-pigmentation)

- 재염색시 손상되고 아주 민감한 모발을 원하는 색상보다 3레벨이상 퇴색되어 밝은 상태에서 어둡게 염색하고자 할 때
- 부분적으로 하이라이트닝을 해서 3레벨 이상 차이나는 탈색된 모발을 같은 레벨로 맞추고 싶을 때
- 그 부분에 부족한 색소를 더 넣어주기 위한 방법이다.
- 원하는 색상의 바탕색상을 얻기 위해 먼저 훨러색상의 색소를 넣어 바탕색을 어둡게 해준 다음 염색을 하면 몇번의 샴푸에 쉽게 퇴색되어 얼룩지는 것을 방지한다.

1. 혼합	훨러색상 3cm + 온수10ml
2. 도포	①기염부에
3. 작용시간	헹구지 않고 즉시
4. 혼합	원하는 컬러 + 산화제 20vol
5. 도포	②신생부에서 ①까지 원터치
6. 작용시간	25~35분
7. 샴푸	유화 – 샴푸

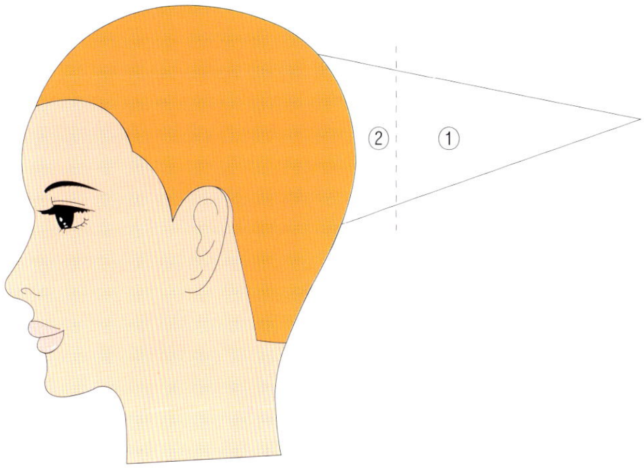

7) 애벌 염색(Pre-softening)

애벌 염색으로 굵고 펌하지 않은 처녀모, 뻣뻣한 백모, 또는 신생부가 6cm 이상 일 때 사용하는 기법으로 모발을 부드럽게 하여 염색이 잘되도록 유화시켜 주는 작용이다.

1. 혼합: 산화제 20vol만사용
2. 도포: ①에 도포
3. 작용시간: 드라이어로 열을 가하여 건조 10~15분
4. 혼합: 원하는 컬러 + 산화제 20vol
5. 도포: ①+②에 원터치
6. 작용시간: 25~30분
7. 샴푸: 유화 – 샴푸

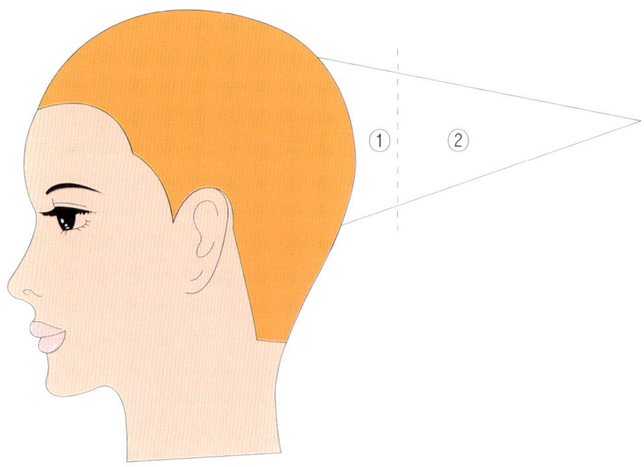

8) 지우기(Cleansing)

현재 염색하고 있는 모발의 색조에 원하는 색조가 입혀지지 않을 때 현재의 색조를 지우고 원하는 색조로 염색하는 기법이다

예를 들어서 현재의 색조가 마호가니컬러로 적갈색을 띄는데 원하는 색조가 금빛이다.

이럴 때는 붉은 빛을 지우고 원하는 색조를 염색해야 금빛의 결과 색상을 얻을 수 있다.

클린징 제품이 따로 출시되는 나라도 있다.

1. 혼합	탈색제 10g + 온수 10ml + 샴푸 10ml + 산화제 10ml + 1 : 1 : 1 : 1 의 비율
2. 도포	5~30분 색조가 제거될 때까지 부드럽게 마사지
3. 세척	세척후 드라이로 말린다.
4. 혼합	원하는 컬러 + 산화제 20vol + 온수
5. 도포	모근에서 모발끝까지 원터치
6. 작용시간	25~35분
7. 샴푸	유화 – 샴푸

1

2

3

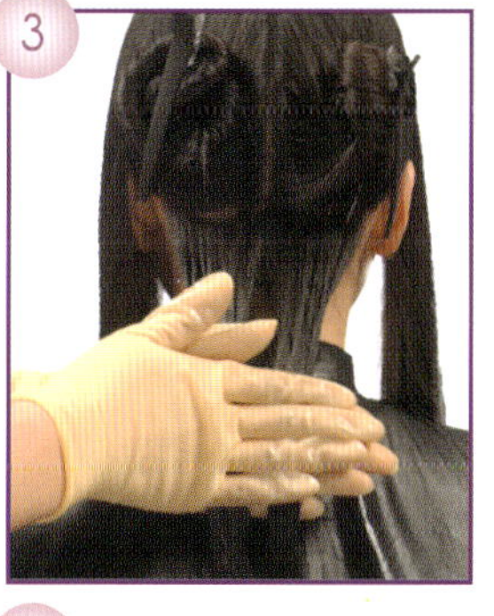

4

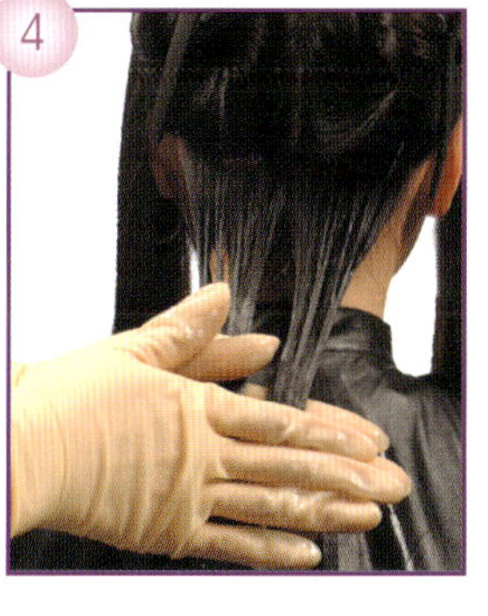

9) 닦아내기(Deep cleansing)

자연모에서 염색으로 밝게 할 수 있지만 이미 어둡게 염색한 모발을 밝게 할 수 는 없다. 요즘 살롱에서 클레임이 많이 걸리는 부분이다.

예) 블루블랙으로 염색한 모발을 밝게 하려면 인공색소를 딥클린징하여 바탕색을 밝게 만들어 준 다음 원하는 색상으로 염색해야 밝은 컬러를 낼 수 있는데 클린징하지 않고 밝은색을 도포하여 클레임에 걸렸다.

어두운 색상을 한 다음 만약 딥 클린징을 하지 않으면 아무리 밝은 금발을 해도 인공색소가 쌓여서 더 어두워질 뿐이다.

예) 초록색이나 붉은색으로 코팅한 모발을 밝게 염색하려고 할 때도 먼저 코팅 색상을 딥 클린징한 다음 염색을 해야 원하는 색상을 얻을 수 있다.

1. 혼합	탈색제 10g + 산화제 20vol 30ml	두피에서 2cm 띄고 색상이 많이 겹친 곳부터 자체 도포하여 마사지하며 비벼준다.
2. 도포	50분 마사지	
3. 작용시간	샴푸	원하는 색상의 블리치 레벨까지 방치
4. 혼합	원하는 컬러 + 산화제 20vol	
5. 작용시간	25~30분	
6. 샴푸	유화 – 샴푸	

10) 연연장 방법

(1) 끝부분이 색상 변화 거의 없이 윤기와 선명함을 원할 경우

① 방법 : 25분 뿌리 자연방치 후 기염부에 남은 혼합제에 10~15cc의 따뜻한 온수를 혼합해 길이 전체를 발라준다.

② 방치 : 방치시간은 5분

(2) 끝부분이 색상 변화가 많을 경우

① 방법 : 15분 뿌리 자연방치 후 기염부에 남은 혼합제에 10~15cc의 따뜻한 온수를 혼합해 길이 전체를 발라준다.

② 방치 : 방치시간은 15~20분 정도

③ 세척 : 전체 방치시간인 35분 후 5분간 부드럽고 꼼꼼하게 액상화한 후 세척하고 염색전용 산성샴푸를 사용하여 모표피를 닫아준다.

④ 지우기, 닦아내기(반사 빛을 없앤 후) 후에는 꼭 직연연장 한다.

VI

모발의 탈색

제6장 모발의 탈색

1. 탈색(Bleach) 레벨

탈색 레벨은 자연모의 레벨 위에 탈색을 시술할 경우, 시간이 지남에 따라 나타나게 되는 기본색상이라 할 수 있다. 이 블리치 레벨은 붉은색의 반사빛에서 점차로 오렌지 반사빛 그 후 노랑의 반사빛, 마지막에는 백금색빛에 가까운 그 반사빛은 정지합니다(두발 안의 모든 멜라닌색소를 제거하면 나타나는 색상).

결론적으로 블리치 레벨은 따뜻한 계열의 색상으로만 이루어져 있다.

블리치 레벨도 자연모 레벨의 그것과 마찬가지로 숫자로 정해져 있으나, 자연모 레벨과의 혼돈을 막기 위해 로마 숫자로 표기하기도 한다.

Ⅰ. 아주 아주 어두운 빨강(적색)
Ⅱ. 아주 어두운 빨강(적색)
Ⅲ. 어두운 빨강(적색)
Ⅳ. 빨강(적색)
Ⅴ. 붉은오렌지
Ⅵ. 오렌지
Ⅶ. 밝은 오렌지, 노랑 오렌지
Ⅷ. 노랑
Ⅸ. 밝은노랑
Ⅹ. 아주밝은노랑, 밀빛의 노랑

1) 탈색 레벨 샘플 만들기

1
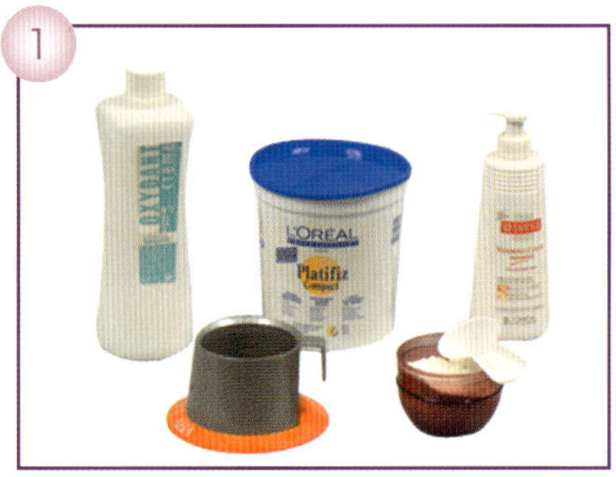

2

3

4

5

6

7

8

9

10

자연모발과 블리치레벨

자연 모발 레벨	블리치레벨
10. 아주아주 밝은 황금색 (lightest blonde)	10. 창백한 노랑(밀빛의 노랑) (pale yellow)
9. 아주밝은 황금색 (verylight blonde)	9. 밝은 노랑 (light yellow)
8. 밝은 황금색 (light blonde)	8. 노랑 (yellow)
7. 황금색 (blonde)	7. 밝은 오렌지 (orange yellow)
6. 어두운 황금색 (dark blonde)	6. 오렌지 (orange)
5. 밝은 갈색 (light brown)	5. 붉은 오렌지 (red orange)
4. 갈색 (brown)	4. 붉은색 (red)
3. 어두운 갈색 (dark brown)	3. 붉은색 (red)
2. 아주 어두운 갈색 (darkest brown)	2. 붉은 보라 (red violet)
1. 흑색 (black)	1. 흑색 (black)

2. 샴푸 탈색(Shampoo bleach)

- 목적 : 자연모 레벨에서 아주 약간의 탈색(1/2에서 1톤)을 이끌어 낸다.
- 도포 : 건조된 모발에 샴푸를 하듯이 맛사지 하며 특히 공기의 투입이 잘 되도록 하여 어느 특정 부위에 온도가 급상승되지 않도록 주의한다.
- 준비
  - 1분량의 샴푸
  - 1분량의 탈색용 분말(10g)
  - 6ml 온수
  - 30ml 산화제
- 방치시간 : 5~30분까지 원하는 탈색정도 따라 한다.
- 마무리 : 탈색 후 샴푸를 사용해 큐티클를 닫아주고 남아있는 알칼리 성분을 완벽하게 닦아 낸다.

1) 샴푸 블리치(Shampoo bleach)

탈색제 10g + 산화제 6% 30ml + 샴푸 6ml + 온수 60ml

- 자연 모발에서 자연스런 밝기의 탈색을 원할 때 한다.
- 자연모발에서 염색을 2레벨이상 밝게 하기를 원할 때한다.
- 산성염모제의 색조를 나타내고자 할 때 한다.
- 혼합하여 방치시간은 5~50분까지 원하는 바탕색을 만든 다음 세척 후 산성염모제나 염색을 한다.
- 샴푸 블리치에서 샴푸의 작용은 알카리 성분으로 모표피를 열어 주고 거품으로 고르게 탈색하여 얼룩지는 것을 방지하는 작용을 한다.

2) 크리닉 블리치(Clinic bleach)

탈색제 10g + 산화제 6% 20~30ml + 코스메틱크림 또는 단백질 앰플

탈색제에는 트리트먼트 성분이 들어 있지 않아서 모발의 손상도가 많다.

이것을 방지하기 위해서 코스메틱 크림이 들어 있는 것을 사용하거나 단백질 앰플을 넣어 준다.

3. 강한 탈색이 가능한 염모제

크림타입의 염모제로 일반적인 산화 염색제와 그 성질이 비슷하다.

- 목적 : 일반적으로 4~6레벨까지의 탈색이 가능하며, 기본 색상인 자연레벨이 5~6레벨 인 경우는 직접, 광택이 나고 부드러운 금발을 얻을 수 있다.
- 사용방법 : 1배의 크림 염모제에 2배의 산화제를 혼합한다.
- 방치시간 : 30~45분 자연방치, 제품마다 차이가 있다.

어떤 제품은 탈색의 정도가 강하고 어떤 제품은 강한 반사빛을 지니고 있다. 탈색가능의 염모제는 블리치 레벨의 반사빛을 변화 시켜주는 능력이 있지만, 일반 탈색은 블리치 레벨의 반사빛을 없애는 능력을 없다.

4. 탈 색

- 정의 : 모발에 자연색을 부여하는 색소인 멜라닌 색소를 부분적으로 혹은 전체적으로 시간이 지남에 따라 점진적으로 제거하는 기술이다.
- 원리 : 자연의 탈색은 멜라닌 색소의 산화를 인위적으로 일으켜 자연적으로 갖고 있는 멜라닌 색소를 변형시키는 것이며, 이로 인해 점진적으로 색상의 변화를 일으킨다. 두발의 탈색은 자연모의 색상을 보다 밝게 하는 것이므로 원하는 밝기의 정도를 찾아 정지시키거나, 혹은 탈색 후 연이어 시술되는 재염색에 적합한 두발의 색상을 찾아 정지한다.

1) 탈색제의 강도

- 탈색제의 강도에 따라 탈색색상의 정도가 다르게 나타난다.
- 이론적으로는 자연모의 레벨에 따라 탈색의 색상이 결정지어진다. 흑색(1)에서 아주 밝은 금발(9)혹은 더 나아가 아주 아주 밝은 금발(10), 금속성의 백색(11)까지도 탈색은 가능하다.
- 탈색의 강도는 산소의 볼륨에 관계하므로, 일반적으로 산소를 방출한 수 있는 양에 따라 몇 레벨 차이의 탈색을 얻을 수 있는 지 결정이 된다.
  약한 탈색 : 1~3 1/2 레벨 업의 탈색
  중간 탈색 : 3~6 1/2
  강한 탈색 : 6~7 레벨 업까지의 탈색
  만일 7레벨 이상의 탈색을 원하는 경우 방치시간을 길게 한다.
  두 번의 탈색을 해야 하는 경우 : 어려운 모발, 고수머리, 곱슬머리, 진한머리, 두꺼운 모발, 빨간 모발 등이다.

2) 탈색의 결과

탈색의 결과는 어느 자연모의 레벨에서 시작하는가에 따라, 또한 탈색제의 강도에 따라 다르게 얻어진다.

예) 흑발(1) 탈색 : 2레벨 → 어두운 갈색(3)
흑발(1)탈색 : 5레벨 → 어두운 황갈색(6)
갈색(4) 탈색 : 6레벨 → 아주 아주 밝은 황갈색(금색)(10)
진한 금발(6) 탈색 : 3레벨 → 아주 밝은 금발(9)

3) 탈색의 기본이 되는 화학성분

(1) 과산화수소수

- 또는 하이드로젠 페록사이드 H_2O + = H_2O_2
- 무색의 액체, 무향, 열에 불안전하다.
- 물과 산소로 분리가 쉽게 되는 불안정한 혼합이다.
- 암모니아에 의해 분할이 가속된다.
- 이 혼합물은 산소를 방출한다. 산화제의 기본성분이며, 소독의 역할과 지혈의 역할을 할 수 있다.
- 과산화수소는 20vol, 30vol, 40vol.

  예) 1 litter의 과산화수소
  30vol 혹은 9%는 30ml의 산소 방출
  40vol 혹은 12%는 40ml의 산소 방출
  100vol 혹은 30%는 100ml의 산소 방출
- 살롱에서의 사용범의
  - 탈색을 할 때
  - 산화 염색을 할 때
  - 애벌 염색을 할 때
  - 지우기, 닦아내기를 할 때
  - 퍼머의 중화시에
  - 소독할 때

(2) 암모니아수

- $NH_3 + H_2O = NH_4OH$
- 휘발성의 가스, 강한 냄새, 열이 있는 상태에서 휘발한다.
- 약한 알칼리 성분으로 두발에 부풀음을 유발한다.
- 과산화수소수의 분할을 가능하게 하다.
- 살롱에서는 함유량 20%를 사용한다.
- 퍼머넨트의 환원제
- 탈색제
- 산화염색

(3) 처녀모의 탈색

짧은 두발 (8~12m)	1차 도포 : 모피에서 1~1.5cm 띄고 길이와 끝부분을 도포 방치시간 2차 도포 : 뿌리에서 끝까지 이미 탈색이 되어진 부분을 포함해 전체를 도포 방치시간 – 원하는 레벨의 색상이 나올때까지
중간 혹은 긴 두발	1차 도포 : 모발의 끝만을 4~5cm 정도의 길이에 도포 방치시간 2차 도포 : 중간길이의 두 발 전체로, 두피에서 1~1.5cm 띄고 끝까지 도포 방치시간 3차 도포 : 뿌리에서 끝까지 전체길이 도포 방치시간
손상모 (바람, 태양, 펌의 잔여등)	1차 도포 : 모발의 중간 부분 두피에서 1~1.5cm, 길이 끝 4~4.5cm 전까지 빙치시간 2차 도포 : 뿌리에서 끝까지 방치시간

어떤 경우라도, 도포는 가장 균일한 색상을 얻기 위하여 최대한 시간내에 이루어져야 합니다.

(4) 탈색의 도포

1. 테크닉에 따른 농도를 조절하면서 혼합

↓

2. 위의 혼합물을 붓으로 도포, 완전히 건조한 두발에, 얇게 섹션 떠가면서 섹션에다 골고루 도포

↓

3. 일정 시간을 방치하여 도포된 혼합제가 역할을 다할 수 있도록 한다.

↓

4. 혼합제가 남지 않도록 완전하게 헹굼

↓

5. 부드럽게 세척력이 적은 샴푸를 한다.

* 탈색은 일반적으로 다음에 연결이 될 염색을 완전한 색상으로 발색이 되게 하고 수정하는 것을 준비하는 과정이다.

4) 완벽한 레벨

원하는 색상의 레벨을 먼저 생각하고 모발의 탈색되는 색상을 잘 관찰해 블리치 레벨의 색상과 일치하는 상태에서 탈색을 멈춰주어야 합니다.

(1) 탈색시에 주의할 점

탈색의 정도를 완벽에 가깝게 일치시키기 위해 탈색이 부위에 따라, 모질에 따라 달라짐을 알아야 한다.

예를 들면 어떤 강도의 탈색제를 쓰더라도 두발전체를 한번에, 다시 말해 뿌리에서 끝까지 원터치를 하면 방치시간이 지난 후에는 뿌리 쪽이 언제나 더 밝게 나온다.

(2) 탈색제의 성분

① 과산화 수소수, 산화제

- 탈색에 가속을 붙인다.
- 산화제는 탈색에 꼭 필요한 산소를 발생시켜 준다.
- 시술하기 직전에 섞어 혼합해 준다.

② 페록사이드, 과산염, 황산염

- 암모니아의 혼합이 불필요하며, 아주 강한 산화제로 알칼리 사이에서도 산소를 방출한다.
- 일반적으로 분말 형태의 탈색제, 혹은 탈색의 보력제에 포함되어 있다.

③ 암모니아수

- 가속제
- 산화제가 분해되기 위해 필요한 정도의 pH를 조절해 주고 모발을 팽창시키고 표피를 열어주어 약제의 침투를 손쉽게 합니다.

④ 지 방

- 손상모, 건조모의 도포시에 모발에 점착력을 가지도록 해주어, 모발 위에 혼합제가 머물러 있도록 합니다.

산화제(OXDANT) + 가속제(암모니아 수) → 순수산소 (O_2) —— 멜라닌의 산화 = 모발의 탈색

(3) 탈색제의 강도

탈색제의 강도는 함께 혼합 사용한 산화제의 볼륨 크기에 따라 결정지어 진다.

- 숫자가 클수록, 볼륨수가 커질수록, 방출하는 산소의 양이 커진다(모발 섬유질에 주의. 모발을 다공성 모화(化)시켜 두발이 쉽게 잘라진다.)
- 혼합제의 활동속도를 조절하는 것은 함유된 암모니아수의 양에 따라 다르다(4~7%).
- 모발을 건조하게 하지만 탈색의 정도를 높여주지는 않는다.

5. 블리치 테크닉(Bleach technic)

1) 테크닉의 종류

(1) 캡을 이용한 테크닉

① 마른 모발을 잘 빗은 다음 캡을 씌운다.
② 캡에 난 구멍으로 모발이 뭉쳐서 나오지 않게 주의하며 코바늘로 뺀다.
③ 전체적으로 고르게 다 빼놓은 다음 캡 위의 모발에만 탈색제를 도포한다.
④ 모자를 쓰고 물로 헹군다음 벗고 다시 샴푸한다.

※ 캡을 쓰고 하므로 고르게 블리치 하기 힘든 것이 단점이다.

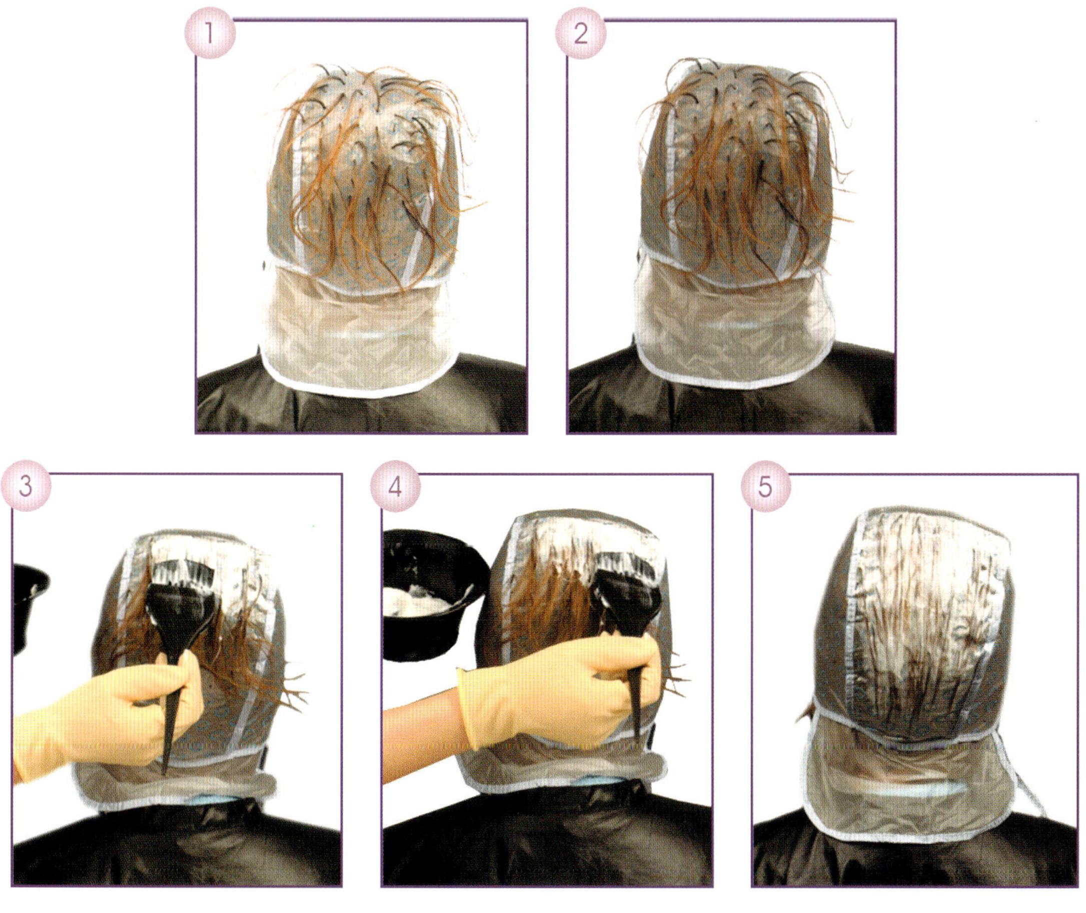

(2) 페이퍼나 알루미늄 호일을 이용한 블리치

① 페이퍼나 알루미늄 호일을 적당한 크기로 잘라 준비해 놓는다.
② 꼬리빗으로 원하는 부분에 위빙(weaving)을 뜬다(눈에 띄게 라이트닝하고 싶으면 모발을 넓게 뜨고 자연스럽게 원하면 가늘게 뜬다).
③ 뒷머리부터 시작하고 자주 체크한다.

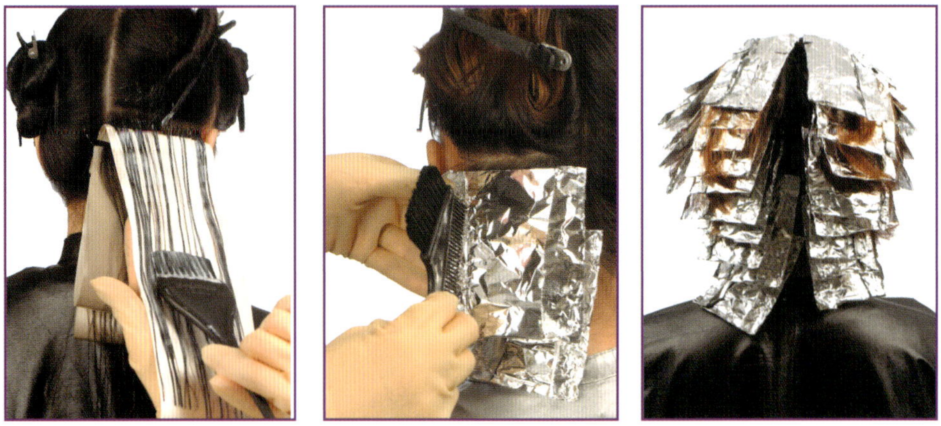

(3) 빠레트를 이용한 블리치

① 원하는 부위의 모발을 위빙으로 떠서 빠레트 위에 올려놓고 브러쉬로 도포한다.
② 이때 크리테스를 준비해 놓고 빠레트를 빼면서 크리테스 안에 넣고 반으로 접어 놓으면 다른 머리에 탈색제가 묻지 않아서 좋다.

(4) 빗, 브러쉬 등을 이용한 블리치

① 탈색제를 묽지않게 혼합해서 만든다.

② 빗, 브러쉬에 묻혀 살짝 빗는다.

③ 빗의 끝에만 묻혀 세로로 세워서 가닥가닥 빗을 수도 있다. 다른 테크닉에 비해 자연스런 탈색을 원할 때 이 방법을 사용한다. 코팅, 염색 도포 후, 샴푸 전, 이 테크닉을 사용해도 하이라이트가 생겨서 좋다.

(5) 여러가지 슬라이스 테크닉(코뜨기)

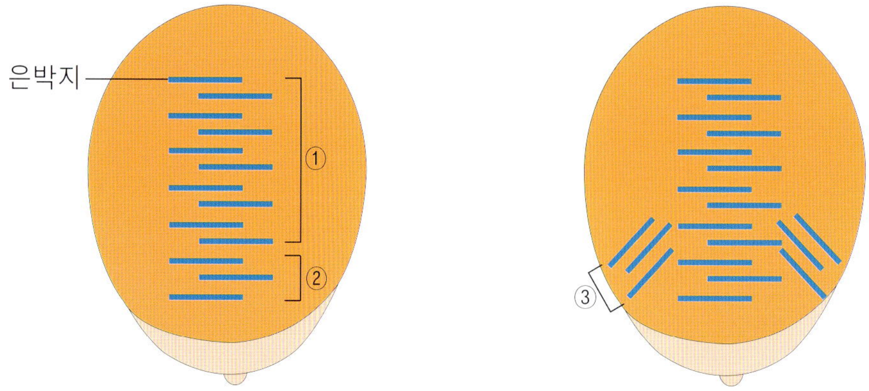

은박지를 이용, 머리의 윗부분만 시술을 해준 테크닉

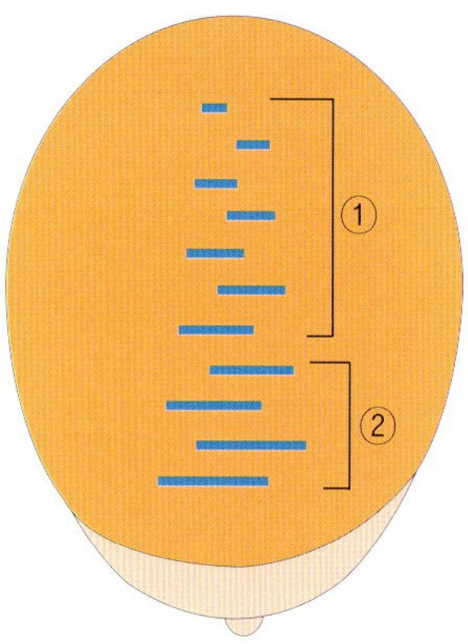

점점 작게

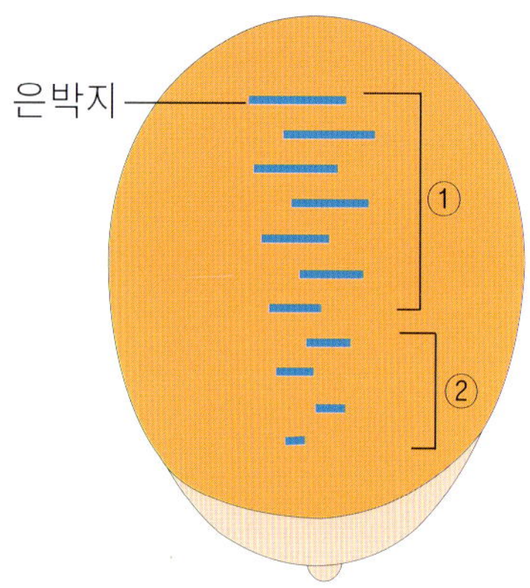

점점 크게

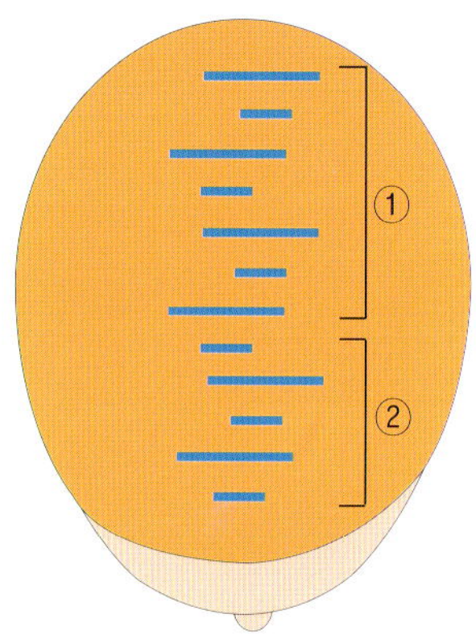

크게, 작게

코뜨기

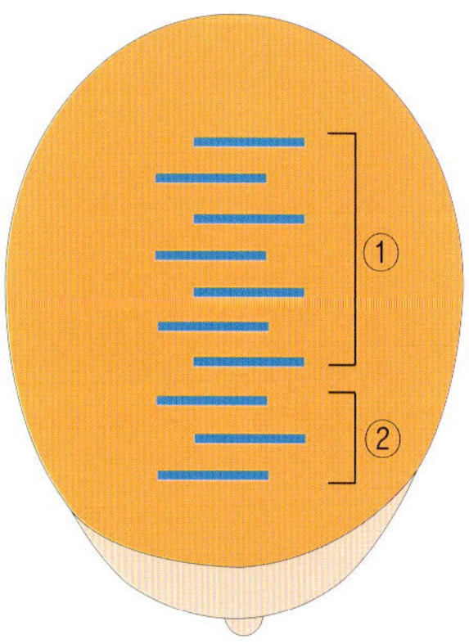

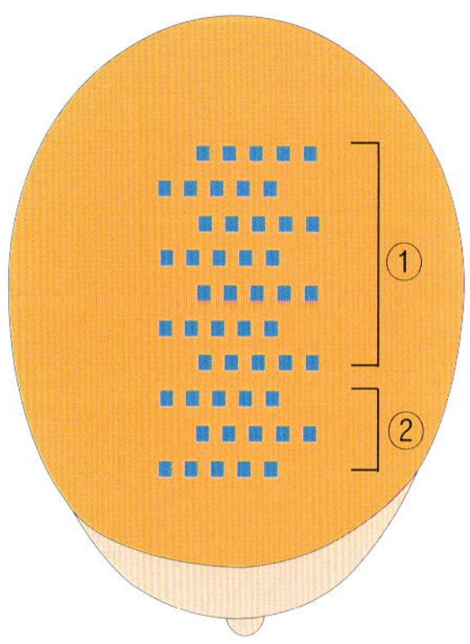

기본 코뜨기(하일라이트)

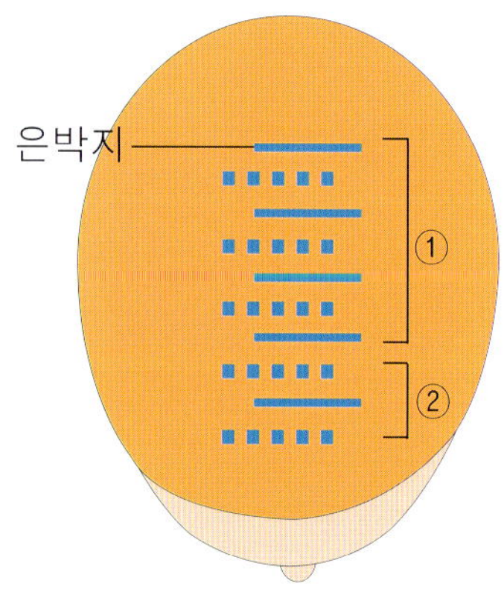

슬라이스, 코뜨기(하일라이트)

슬라이드

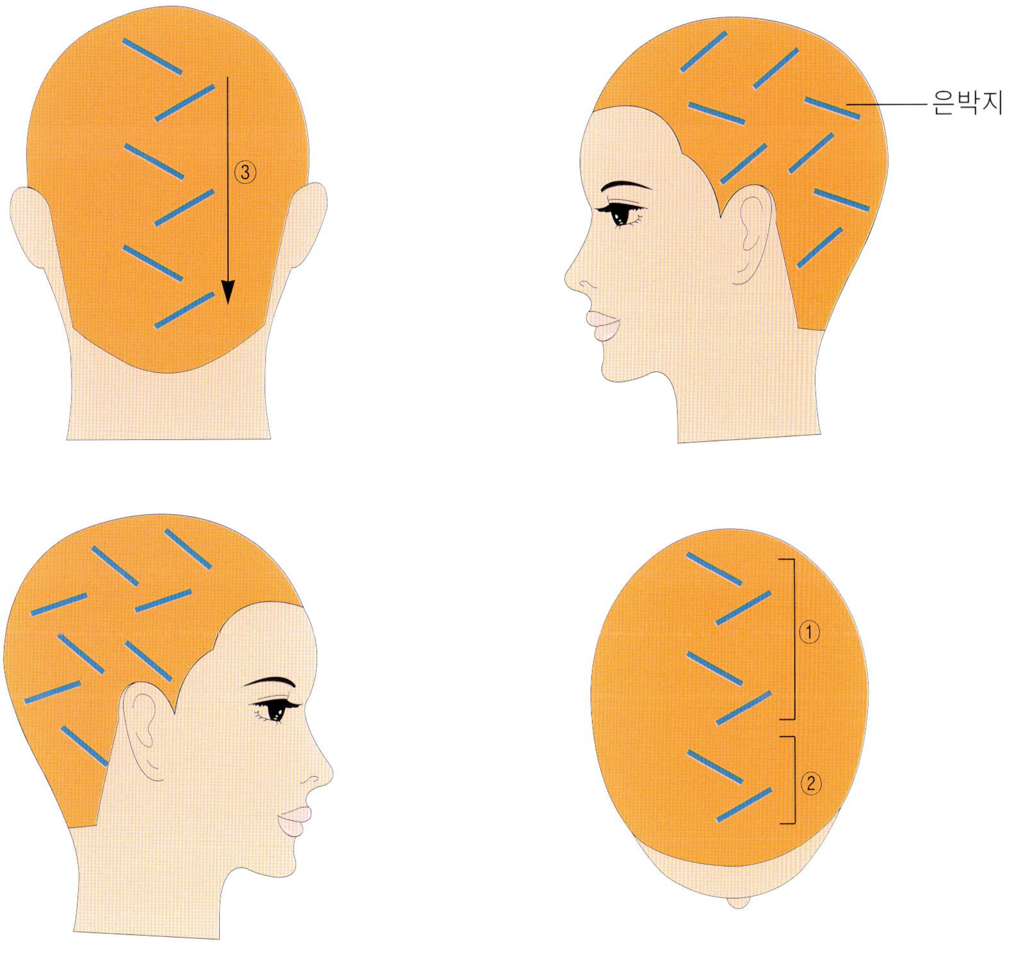

기본 대각선 코뜨기

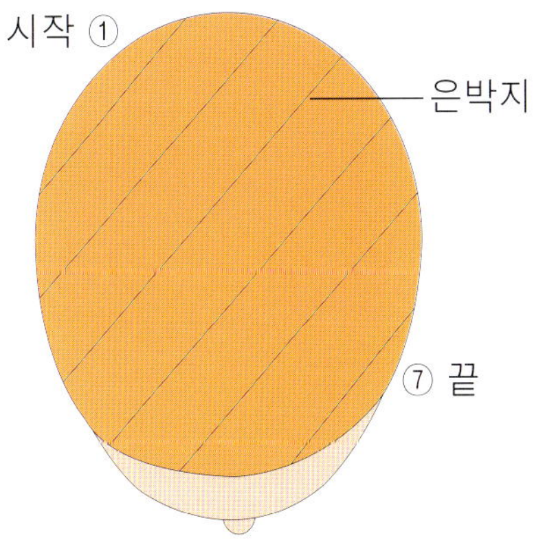

대각선(사선)

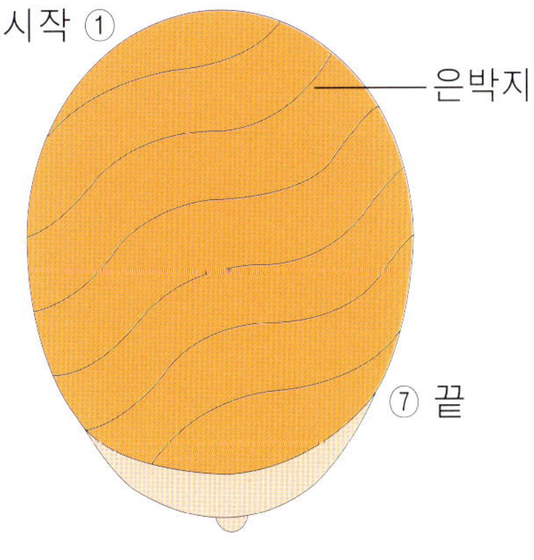

대각선(물결)

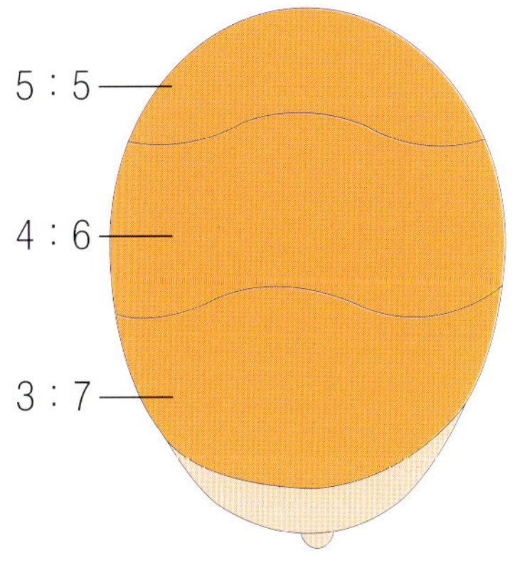

단층 LEVER

5 : 5 → 염색(50%) + 제2액(50%)
4 : 6 → 염색(40%) + 제2액(60%)
3 : 7 → 염색(30%) + 제2액(70%)

VII

모발염색응용과 헤어디자인

제 7 장 모발염색응용과 헤어디자인

1. 얼굴형에 어울리는 헤어 컬러링

화장을 할 때 밝은톤과 어두운톤의 화운데이션을 선택 했을 때와 같이 팽창색이란 실세보다 커 보이는 색이고 어두운 색은 실제보다 작아 보이는 색이다.

헤어 컬러는 밝게 한 하이라이트가 팽창색이고 베이스의 흑색이 수축색에 해당된다.

헤어 컬러리스트는 얼굴형을 고려하여 하이라이트와 로우 라이트를 넣어 주 얼굴형의 보정 효과를 실감나게 할 수 있다.

1) 둥근형 얼굴의 컬러링

얼굴이 넓어 보이므로 포인트는 전체적으로 얼굴이 얼마나 갸름하게 보이게 하는가에 다려있다.

컬러링으로 얼굴 위쪽을 강조하면 전체의 얼굴 형태가 갸름하게 느껴진다. 이마 부분의 얼굴 위쪽에 하이라이트를 넣고 밑으로 내려오면서 서서히 어둡게 하면 둥근 부분이 커버되어 갸름한 인상을 준다.

X - 밑으로 내려오면서 하이라이트를 주면 더욱 얼굴 폭이 강조되어 좋지 않다

[X] [O]

2) 역삼각형 얼굴의 컬러링

역삼각형의 날카로운 턱 라인은 때로는 약해 보이는 인상이기도 하다.
컬러링으로 관자놀이부터, 아래의 부분을 강조하면 턱 라인에 볼륨이 생긴다. 윗 부분을 진하게 하면 인상이 더 또렷해 보인다.
X - 윗 부분에 하이라이트를 주면 얼굴이 크게 보여, 역삼각형의 얼굴이 보다 강조된다.

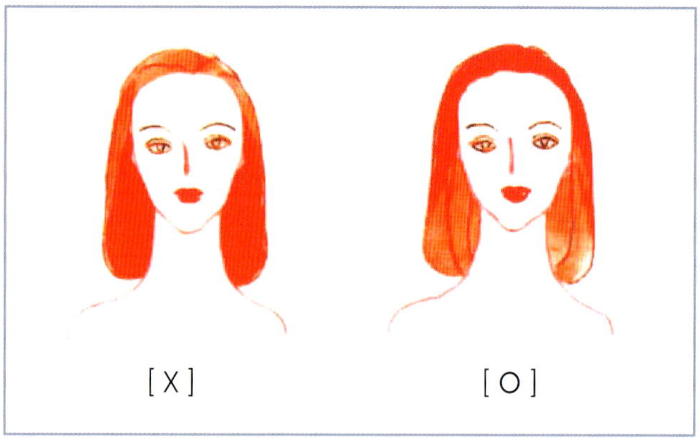

3) 사각형 얼굴의 컬러링

사각형 얼굴은 때로는 얼굴이 크게 보인다. 이마에 하이라이트를 넣으면 볼륨감이 생겨, 전체적으로 약간 길어 보이는 느낌을 줄 수 있다. 한지만 너무 밝게 하면 전체가 크게 보이는 역효과를 준다. 턱 라인의 인상을 약하게 하는 정도의 이미지라면, 말끔한 인상을 준다.
X - 사이드로부터 턱에 하이라이트는 턱 라인을 보다 강조한다.

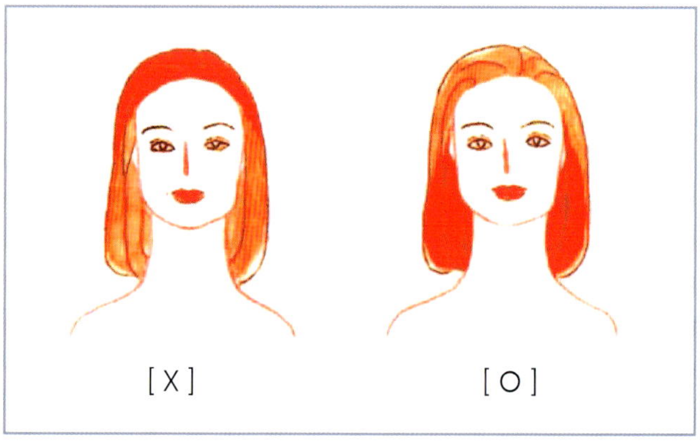

4) 장방형 얼굴의 컬러링

장방형 얼굴은 전체의 부분에 대해 마이너스 이미지를 주는 편이다. 컬러링으로 사이드 부분을 강조하면 전체의 윤곽에 폭이 생긴다.

관자놀이 부분에 하이라이트를 넣는 것이 효과적이다. 너무 밝게 칼러링 해도 부자연스럽다.

X - 이마나 턱 근처 부분에 하이라이트가 들어가면 머리 전체가 더 길어 보인다.

[X]

[O]

2. 피부톤에 따른 헤어 컬러 방법

본인에게 맞는 헤어 컬러를 찾는다는 것은 결코 쉬운 일이 아니다. 피부나 머리, 눈동자의 색을 기초로 하며, 피부의 색을 기본으로 어울리는 색을 4가지 타입으로 분류한다. 이를 기준으로 메이크업, 패션 등 여러가지 색과의 조화를 즐길 수 있다.

- 오렌지계
- 옐로우계
- 블루계
- 핑크계

1) 오렌지계 피부에 따른 컬러

세련된 분위기의 당신은 깊이 있는 색이 어울린다. 메인 컬러는 짙은 갈색, 베이지, 황녹색, 벽돌색 등 깊이 있는 안정된 색이다.

헤어 컬러는 오렌지 골드가 어울린다.

2) 옐로우계 피부에 따른 컬러

밝고 귀여운 당신은 섹시한 분위기를 나타낸다. 메인 컬러는 오렌지, 산호빛핑크, 터키석블루 등 밝고 옅은 깨끗한 색이다.

헤어 컬러는 적갈색, 잿빛갈색이 어울린다.

3) 블루계 피부에 따른 컬러

샤프한 분위기의 당신 조금 가까이 가기 힘든 인상으로 받아들여지고 있지 않은지 빨간 루즈가 어울릴 것 같다.

메인 컬러는 모노톤, 블루, 쇼킹 핑크 등 변화가 확실한 색이다.

헤어 컬러는 마호가니, 레드계가 어울린다.

4) 핑크계 피부에 따른 컬러

우아하고 품위 있는 소프트한 인상이며, 메인 컬러는 물색, 크림색, 소프트 핑크, 라이트그레이 등 부드러운 파스텔 컬러이다.

헤어 컬러는 보라빛과 파란색의 하이라이트가 어울린다.

3. 헤어 컬러 디자인

헤어 컬러 디자인은 컬러의 선택, 얼굴과 개성파악, 색조나 밝음 등의 디자인 요소와 모발의 손상 정도 등 모발의 상태를 조합해 디자인하는 테크닉이다.

1) 모발 끝에 생동감을 주는 티핑디자인(Tipping design)

모발을 손으로 끌어올리거나, 바람에 흩날렸을 때, 밝은쪽의 모발 끝을 움직여 아름다운 스타일의 변화를 즐길 수 있다. 모발의 끝을 강조함으로써 헤어스타일에 자연스러운 가벼움과 표정이 살아 있는 디자인 테크닉을 연출할 수 있다.

쇼트 레이어부터 롱 원렝스까지 폭넓은 스타일로 활용 가능하다.

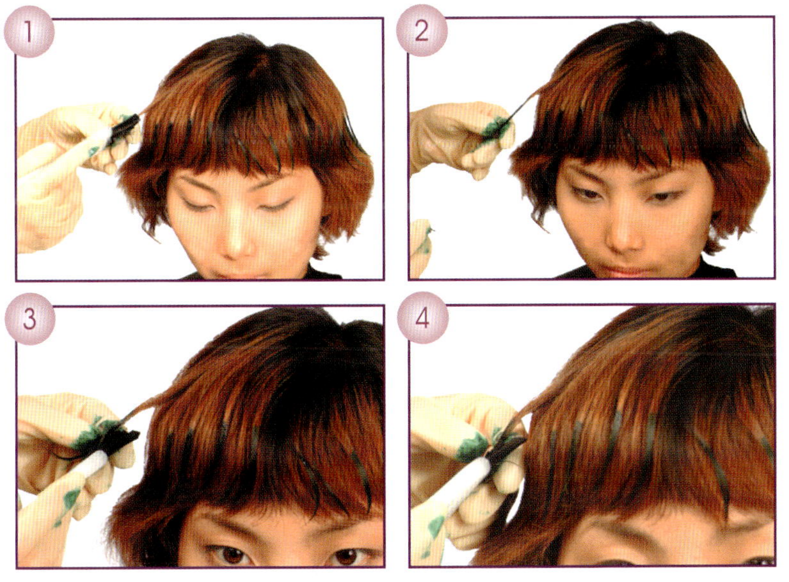

2) 스타일링에 따라 표정이 변하는 스윙디자인(Swing design)

움직임이 있는 스타일이나 단조롭게 되기 쉬운 보브 스타일 등에 적합한 디자인 테크닉이며 얇게 하는(슬라이스) 방법이나 스타일링에 따라 다양하게 변화하는 모발의 표정을 즐길 수 있다.

3) 모발에 입체감을 주는 그라데이션 디자인(Gradation design)

밝기에 의한 변화나 색의 다양함을 표현하는 것으로 헤어스타일 전체에 부드러움과 입체감을 줄 수 있다. 명도나 색도와는 다른 파트의 경계를 자연스럽게 섞어 깊이 있는 내츄럴한 인상으로 느끼게 할 수 있다.

4) 모발을 찰랑찰랑하게 하는 드라핑 디자인(Drapin design)

커튼 쳐진 것 같은 머리결이다. 그 머리결의 자연스런 강약이 스트레이트를 입체적으로 만들고 웨이브 헤어를 보다 경쾌하여 보이게 한다. 컬러링 이라기보다 모발에 자연스런 표정이 살아 있는 인상을 준다. 롱스트레이트의 경우 몇가닥(메쉬) 밝은톤 라인을 만들어 스타일을 입체적인 모습으로 만들 수 있다.

콘트라스트 컬러링 (Contrast coloring)

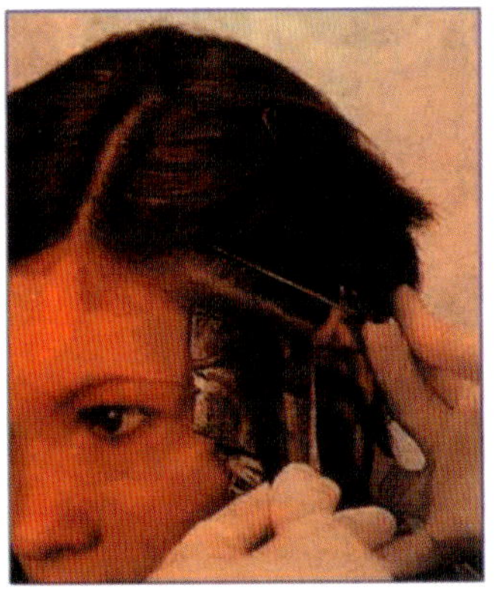
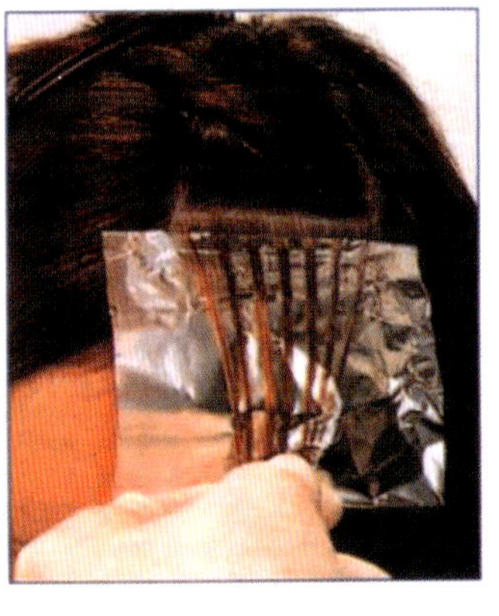
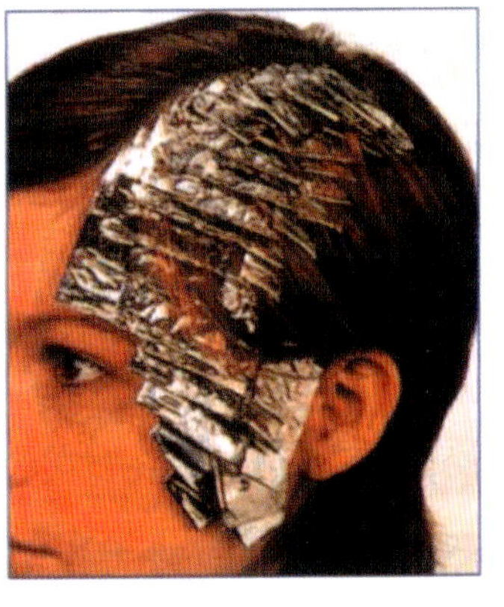
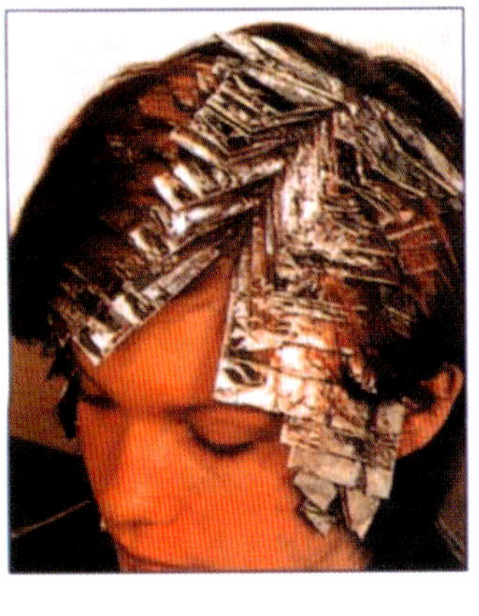
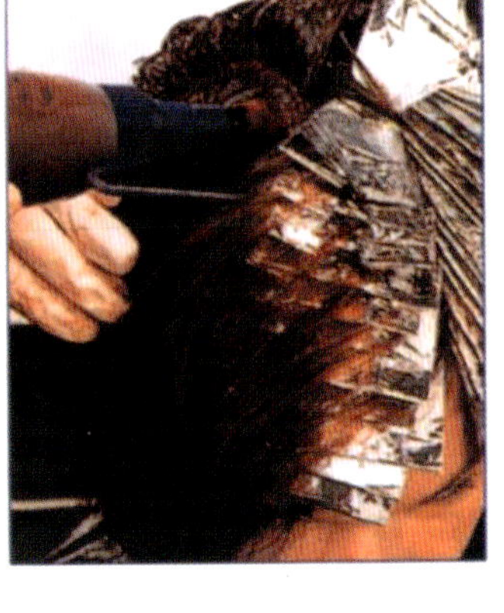

슬랜더 스타일(Slender style)

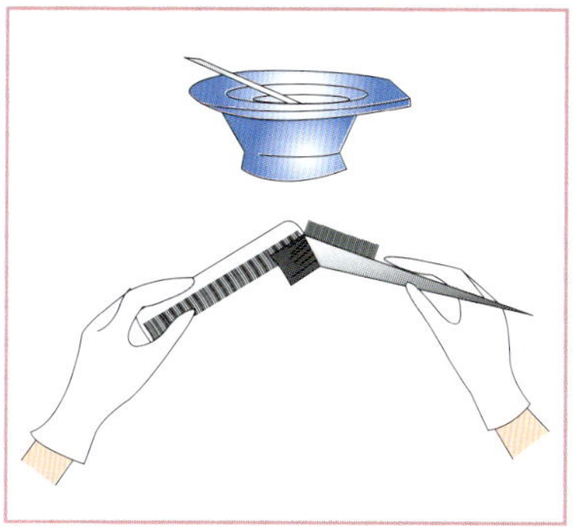

1. 염모제를 빗살 끝부위에 두껍게 도포한다.

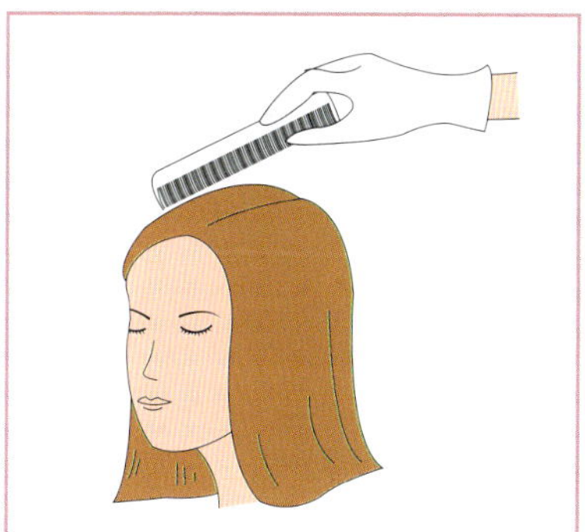

2. 염모제가 붙어있는 빗으로 모발 뿌리에서 부터 빗질한다.

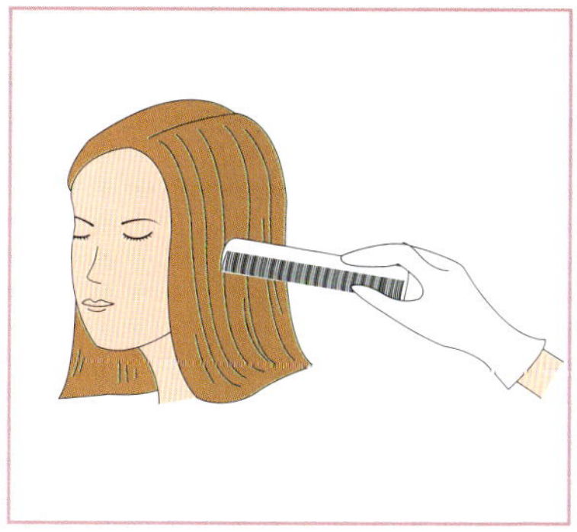

3. 모발 끝까지 고르게 도포하기 위해 염모제를 빗살에 자주 도포한다.

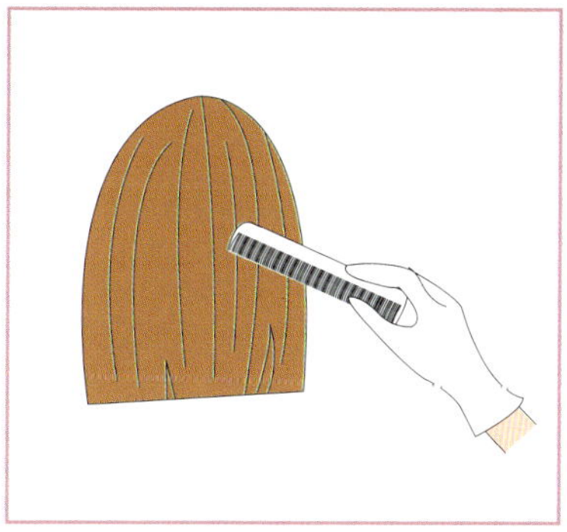

4. 머리 전체 결부위에 동일한 방법으로 진행한다. 작용시간 경과 후 깨끗히 헹구고 린스한다.

리트로 스타일(Retro style)

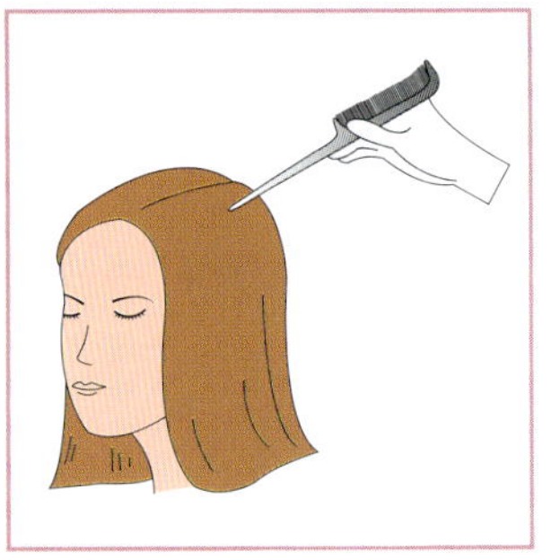

1. 파트를 나눈다.

2. 꼬리빗을 이용해서 1cm 폭으로 위빙한다.

3. 아래에 호일을 밀착시킨다.

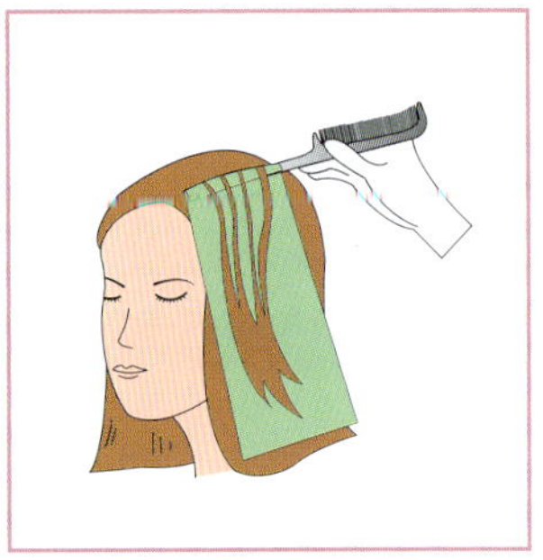

4. 위빙된 모발을 호일 위에 놓는다.

5. 염모제를 충분히 도포한다.

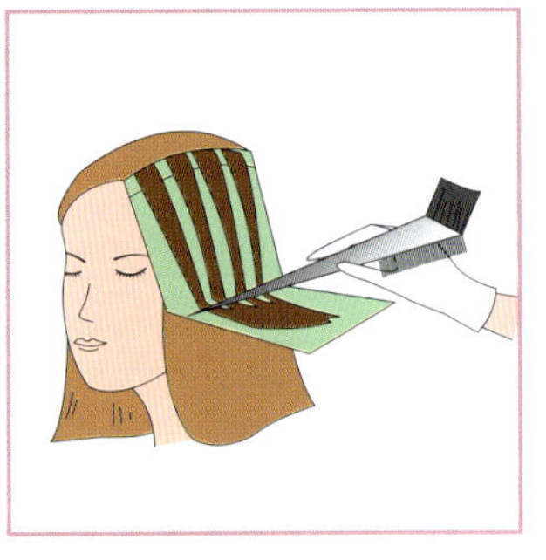

6. 모발을 호일 안에 모아 반으로 접어 머리 윗부위에 고정시킨다.

7. 옆과 뒷부분을 동일한 방법으로 진행한다. 작용시간이 끝난 후 전체를 깨끗히 헹구고 린스한다.

그런지룩(Grunge look)

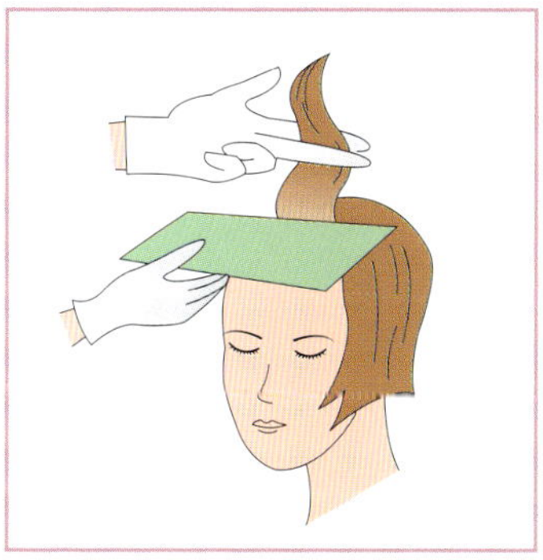

1. 모발 길이에 맞게 호일을 준비해 앞에서 뒤로 시술하고 앞부터 섹션을 나누어 앞에서 호일을 밀착시킨다.

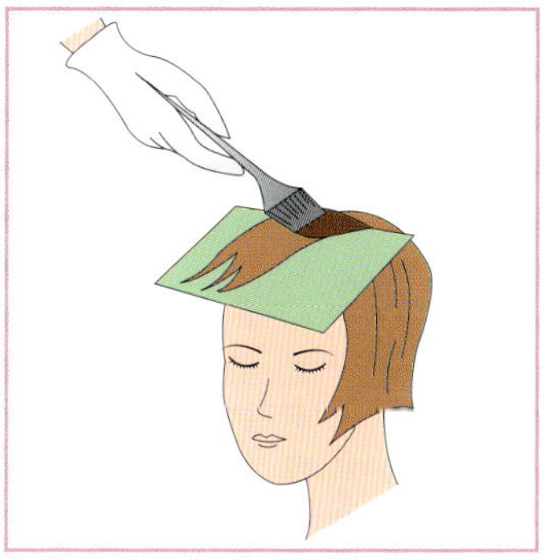

2. 뿌리에서 끝까지 고르게 도포후 그 위에 호일을 댄다.

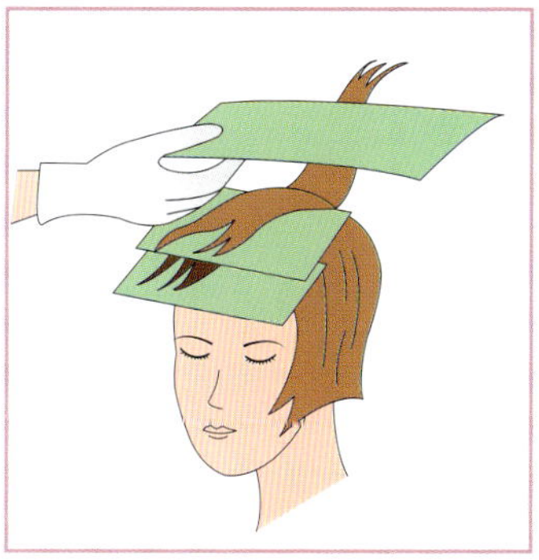

3. 새로운 모발에 호일을 대고 염모제를 도포한다. 각 섹션은 앞에서 뒤로 1~3cm로 다양하게 한다.

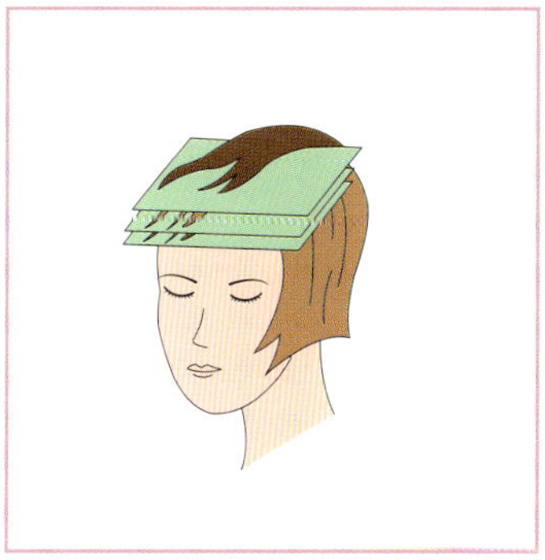

4. 왼쪽은 넓고 오른쪽은 좁게 나눈후 다시 호일로 덮어준다.

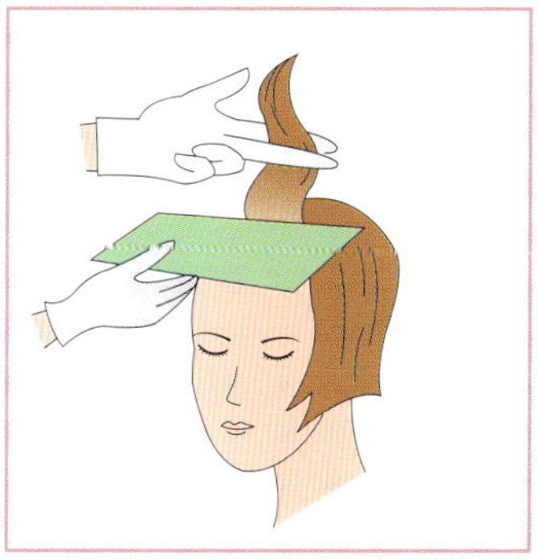

5. 왼쪽은 넓고 오른쪽은 좁게 나눈후 다시 호일로 덮어준다.

크로스 오버 룩(Cross over look)

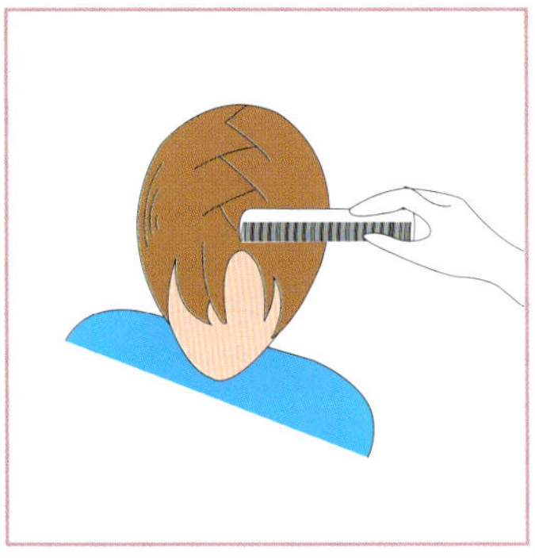

1. Top 부위를 지그재그로 나눈다.

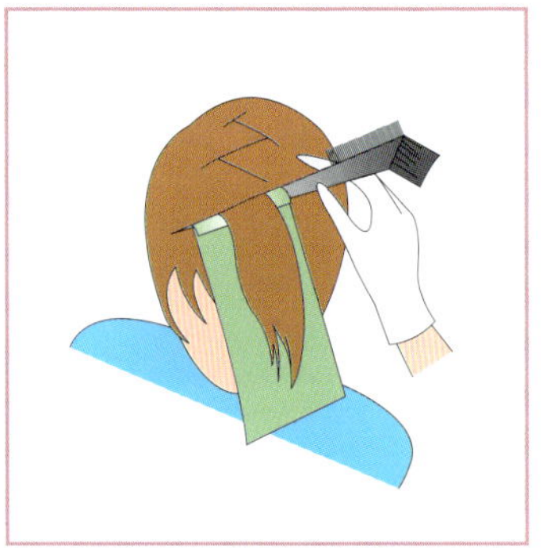

2. 오른쪽 지그재그 부분에서 섹션을 떠 밑에 호일을 밀착시킨다.

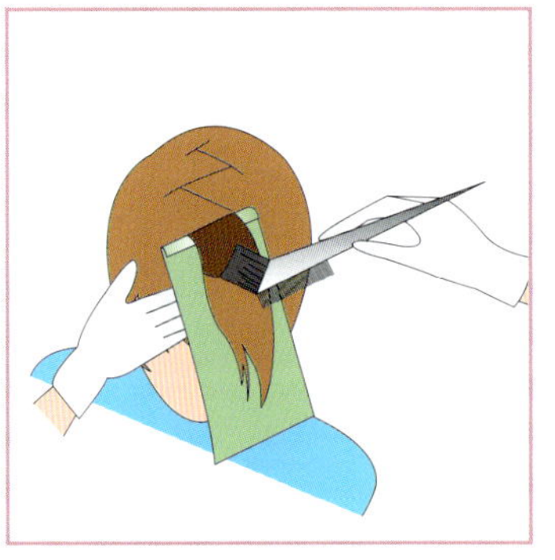

3. 염모제를 충분히 도포한다.

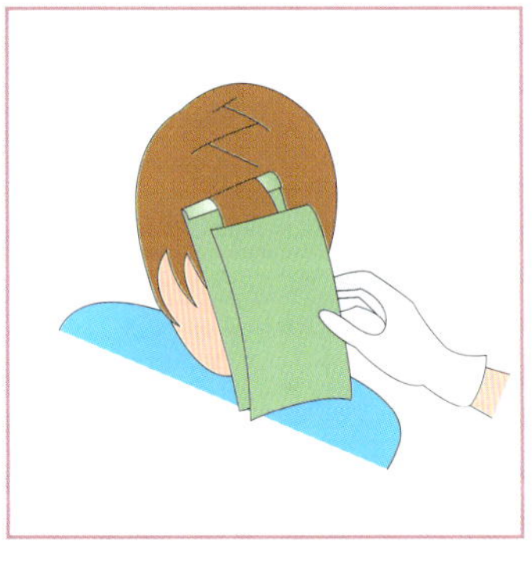

4. 염모제가 도포된 스라이스 위를 호일로 카바한다.

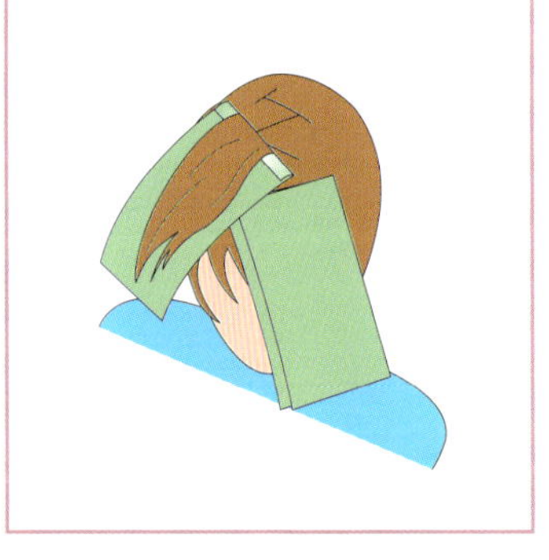

5. 반대편 섹션도 같은 방법으로 진행한다.

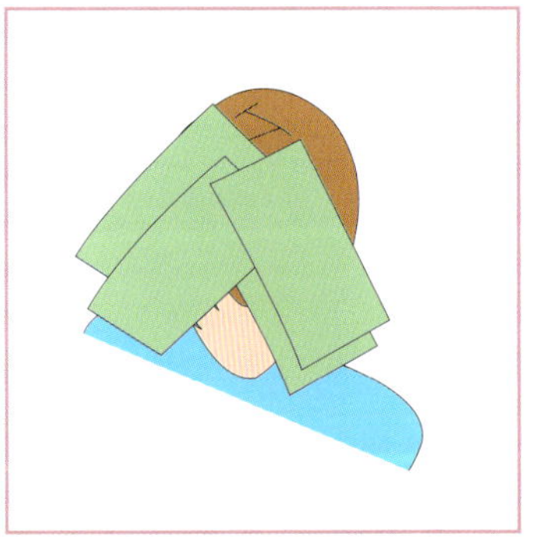

6. 지그재그 방법으로 프론트에서 Top까지 진행한다. 작용시간 경과 후 깨끗히 헹구고 린스한다.

5) 헤어 캐릭터 디자인(Hair character design)

특수 컬러링 기법으로 다양한 기법을 소개, 작품이 아닌 실제 소비자들이 선호하는 새롭고 다양성 있는 디자인으로 유행창출과 디자인의 개발을 위한 스타일이다.

(1) 헤어 캐릭터 사용순서

- 1단계 : 머리카락을 빗으로 바르게 정리한 다음 캐릭터 디자인 할 부분에 스프레이를 살짝 뿌린다.
- 2단계 : 캐릭터 판넬 겉장을 떼어내 접착 부분에 물 스프레이를 한다.
- 3단계 : 캐릭터 판넬을 그림을 넣을 부분에 붙인다.
- 4단계 : 파렛트에 캐릭터 헤어 컬러를 필요한 만큼 따른 다음 그림이 그려질 전체에 붓으로 먼저 화이트색을 가볍게 터치하듯 바른다. 그리고 드라이로 2~3초간 말린다.
- 5단계 : 그림의 형태에 따라 컬러를 붓으로 가볍게 터치하듯 바른다. 그리고 드라이로 2~3초간 말린다.
- 6단계 : 캐릭터 판넬을 손으로 누른 다음 살짝 떼어낸다.
- 7단계 : 완성

(2) 주의사항

- 지울 때는 샴푸로 쉽게 지워진다.
- 캐릭터 헤어 컬러는 의류나 기타 피복에도 그림을 넣을 수 있다.
- 세탁을 해도 번지지 않으며 15회 정도의 세탁으로 지워진다.
- 얼굴, 팔, 다리에도 사용할 수 있으며 인체에 무해하다.

그만큼 헤어는 전체인상을 결정하는데 큰 역할을 한다. 언제나 잘 손질된 헤어스타일을 항상 유지하려면 어떤 테크닉이 필요할까? 옷 잘입는 것도 중요하지만 멋스럽고 아름답게 머리손질을 잘하는 것도 멋내기의 기본이며 모발이 건강해야 원하는 스타일을 연출할 수 있다. 모발이 손상되는 것은 생리적인 노화와 펌, 염색과 같은 화학적인 작용에 의한 난백질의 파괴에서 비롯된다.

모발은 피부와는 달리 살아있는 세포가 아니므로 한번 손상된 모발은 회복하기 힘들다. 또 인체내에서 영양공급이 되지 않으므로 인위적으로 영양을 공급해 주어야 한다. 그리고 한달에 1cm 정도 커트해 주어야 건강하고 윤기있는 머릿결을 유지시킬 수 있다. 컬러링 후에는 모발이 손상되는데 그 중에서도 가장 많이 손상되는 것이 영구 염색이다.

모발이 팽창되고 멜라닌 색소를 탈색시킬 때 단백질이 쉽게 손실되기 때문이다.

물론 최근에는 코스메틱 성분(모발보호 성분)을 첨가하여 모발의 손상을 최소화하고 있지만 컬러링 후 적절한 모발 관리가 더 이상의 손상을 막고 다시 회복시켜 줄 수 있다.

컬러리스트는 손님이 다음 번 살롱을 방문하여 염색할 때까지 모발의 건강과, 시술직후의 아름다움을 유지할 수 있도록 상담하는 것도 서비스 시술만큼 필요하다. 새로운 제품에 대한 정보를 잘 아는 것과 고객이 원하는 컬러에 알맞는 제품을 사용하는 것도 컬러리스트가 되기 위해 중요한 점이다.

헤어 캐릭터 디자인 시술과정

1

머리카락을 빗으로 바르게 정리한 다음 캐릭터 디자인 할 부분에 스프레이를 살짝 뿌린다.

2

캐릭터 판넬 겉장을 떼어내 접착 부분에 물스레이를 한다.

3

캐릭터 판넬을 그림을 넣을 부분에 붙인다.

4

파렛트에 캐릭터 헤어 컬러를 필요한 만큼 따른 다음 그림이 그려질 전체에 붓으로 먼저 화이트색을 가볍게 터치하듯 바른다. 그리고 드라이로 2~3초간 말린다.

5

그림의 형태에 따라 컬러를 붓으로 가볍게 터치하듯 바른다. 그리고 드라이로 2~3초간 말린다.

6

캐릭터 판넬을 손으로 누른 다음 살짝 떼어낸다.

완성

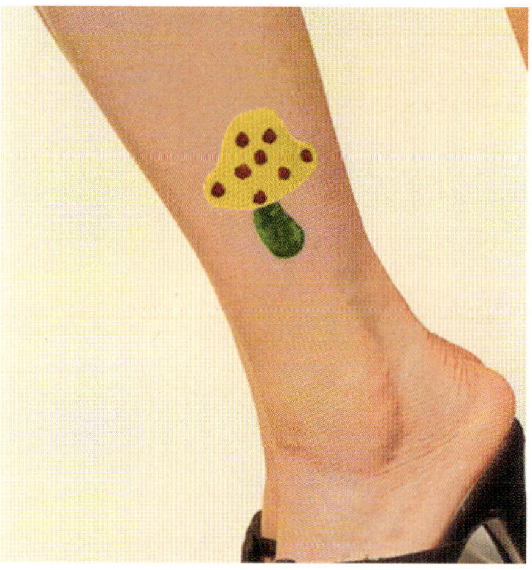
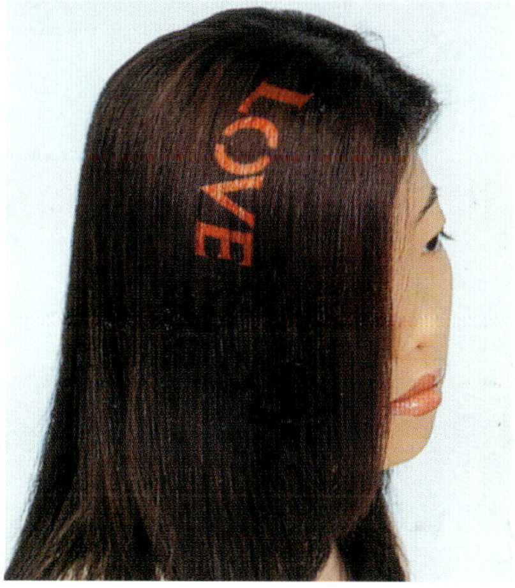
LOVE

YES

VIII

모발의 염 · 탈색 후 관리

제8장 모발의 염 · 탈색 후 관리

1. 헤어 샴푸(Hair shampoo)

샴푸(Shampoo)는 '맛사지 한다', '매만지다', '주무르다' 라는 뜻이며 샴푸는 모발이나 두피의 세정을 뜻하는데 고객에게 행하는 최초의 서비스이고 헤어스타일을 만들기 위한 가장 기본적인 행위이다. 그러므로 헤어디자이너는 모발 및 두피 타입에 맞는 질이 좋은 샴푸를 사용하여 샴푸의 효과를 극대화해야 한다.

1) 헤어 샴푸의 발달과정

초기에는 머리를 감는다는 것이 목욕과 같이 더러움을 물로 헹구어 내는데 지나지 않았으므로 약간의 세정작용으로 작은 입자의 먼지나 더러움 정도의 물로 씻어 냈는데 불과했다.

그 이후 약간의 세정작용을 갖고 있는 재를 사용하게 되었으며 재 역시 알카리 성분이 강해 필요 이상의 유분과 심하게는 모표피 까지 녹여내었기 때문에 모발을 뻣뻣하게 만들었다. 이러한 부작용을 막기 위해 해조류나 식물류의 분말의 사용이 시작되었다. 물에 넣어 끓여서 사용하였는데 세정효과도 있고 모발을 뻣뻣하게 만들지 않았다.

산업혁명 이후, 비누가 사용되기 시작했는데 세제 중 가장 오래되 비누는 B.C. 2500년경 제사 때 동물을 불에 태우는 과정에서 기름이 재에 떨어져 생긴 것을 이용했다는 기록이 있다.

1차 세계대전에 비누의 원료인 동·식물성 기름이 화학적 원료로 이용되어 비누를 만들게 되었다.

2) 헤어 샴푸의 종류

(1) 단순 샴푸
(2) 스페셜 샴푸
(3) 트리트먼트 샴푸 : 비듬 제거 샴푸, 피지 억제 샴푸, 건조모, 샴푸
(4) 테크닉 후 전문 샴푸 : 탈색 후 샴푸, 산화 염색후의 샴푸

(1) 단순 샴푸

단순 샴푸란 : 가장 저렴하면서 가장 널리 보급된 샴푸이다.

제품의 형태 : 보편적으로 매우 농축되어 있어 희석시켜 사용(8, 10, 15배 희석 사용)

① 제품의 성분과 성격

- 세척력이 매우 강하다.
- 언제나 순수액의 상태인 경우가 많으므로 희석 상태에 따라 강도가 변경되며 기본 추출 세정제의 종류에 따라 부드러움이 결정지어 진다.
- 소프트팅제: 보편적으로 식물성 지방을 사용하여 치료제의 성분은 사용하지 않는다.
- 색소, 향료
- 보편적으로 pH는 중성: pH 불안정, 희석의 배수에 따라 변화 가능하다.

② 사용방법

- 보편적인 방법: 건강한 자연모의 세척, 오염물질이 많은 모발 세척을 한다.
- 퍼머 전이나 미용 테크닉 전에 사용한다.
- 치료 샴푸 사용 전에 오염 물질의 제거를 위해 사용한다.

(2) 스페셜 샴푸

스페셜 샴푸란 민감성 두피 상태에 적합한 샴푸이며 제품의 형태 보편적으로 희석하지 않고 사용하도록 되어 있다.

① 제품의 성분과 성격

- 반 세척력, 매우 부드러움: 모발의 건조와 두피의 건조를 막아 주면서 모발의 오염 물질의 제거 능력이 있어야 한다.
- 소프트닝 제 : 지방 성분과 재활 성분의 혼합: 모발의 민감 상태에 맞추어 진다.

예) 황 : 지방성모

레시틴 : 건조모

라놀린 : 건조모, 손상모

키니네 : 가늘고 솜 같은 모

골수 : 손상모

- 향료 색소
- pH 중성 : 모발의 윤기와 부드러움, 손쉬운 빗질을 주기 위함이다.

② 제품의 사용방법

- 자연모, 민감성모 또는 극손상모에 사용한다.
- 퍼머넨트, 셋팅 등의 전에 사용한다.
- 샴푸 전 산성샴푸 사용을 금지한다.

(3) 트리트먼트 샴푸

트리트먼트 샴푸란 두피의 비정상적인 상태나 모발의 극손상 등 활동력을 억제하기 위한 샴푸이다.

① 비듬 제거 샴푸

- 반 세척력, 부드러움: 두피의 지나친 건조를 막아 비듬 활동을 억제한다.
- 지방 성분: 두피의 지나친 건조화를 막고 각질의 지나친 생성을 억제한다.
- 트리트먼트(라놀린, 캄프르): 건조한 비듬, 지방성 비듬의 치유를 위해 사용한다.
- 비듬 제거 치료 성분, 소독 멸균의 성분 등 : 말라세즈균(malassez spore), 시더크란츠균(cedercrentz microbe)
- 향료, 색소
- pH 산성

② 피지억제 샴푸

- 특별히 부드러운 세정제 : 두피의 건조를 완벽하게 막아야 한다.
- 세척력이 있어야 하지만 두피의 건조를 유발하면 안된다.
- 지방 성분
- 피지선에 활동하는 활성제 : 피지선의 활동을 적절하게 되돌려 줍니다(오르가닉 황, 라놀린, 아미노산 등)
- 향료, 색소
- pH 중성 또는 아주 약한 산성

③ 건조 모, 과로성 모의 샴푸

- 부드러운 세척제를 사용한다.
- 지방 성분, 리신유, 밍크 기름 : 두피의 표피층에 침투하고 모발의 큐티클층에 침투해 부드러움과 윤기를 부여하기 위해 좋은 품질로 흡수 효과가 뛰어난 지방 성분을 많은 양 함유해야 한다.
- 트리트먼트 성분, 레시틴, 비타민
- 색소, 향료
- pH 산성
- 염색, 탈색이 지나친 경우, 극 손상의 모발에 사용

(4) 테크닉 후 전문 샴푸

① 탈색 후 샴푸

- 부드러움 : 재염색이 가능하도록 모발의 상태를 적절히 조절하기 위함
- pH 산성 : 두피의 pH를 예전으로 돌리기 위함(알칼리 성분이 남게 되므로 본래의 두피 pH로 되돌아오기 위해 48 시간이 소요된다)

② 산화 염색 후의 샴푸

- 부드러움: 모발의 반사빛을 흐리지 않으면서 색상의 고정된다.
- pH 산성(pH 4.5) : 'para'(파라톨 레디아민)의 모든 성분 활동제거. 모발의 윤기와 부드러움. 탁월한 빗질에 좋다.

③ Perm 전 사전 샴푸

큐티클의 열림을 위해 알칼리 샴푸를 사용해야 하며, 이는 제품의 침투력을 향상 시킨다. 이 샴푸들은 특히, 염색, 탈색 등의 테크닉 후에 전문적으로 사용하는 샴푸이다.

④ 컬러전용 샴푸

컬러전용 샴푸는 염색, 탈색 후에 남아 있는 잔여물을 제거하고 알칼리로 되어 늘어나 있는 모발의 알칼리 성분을 중화시켜 다시 큐티클을 단단하게 하고 pH 밸런스를 조절해 주는 역할을 한다. 염색했을 때 가장 문제가 되는 것이 모발손상 및 퇴색이다.

일반적으로 모발의 퇴색은 화학성분이나 열, 자외선, 대기오염 등에 의한 것인데 염색모발을 위해 고안된 이런 샴푸들은 산화방지 비타민이 들어 있어 자외선으로 인한 변색을 방지하며 충분한 영양과 보습을 제공하여 염색색상을 유지시켜 준다. 샴푸는 모발에 가장 자주 사용하는 화학제품이기 때문에 산 균형이 잡혀 있어야 한다는 것이 특히 중요하다.

모발의 케라틴은 가장 안정된 상태의 pH 4.5~5.5의 약산성으로 결합력이 최대가 된다.

모발은 산에 대해서는 강하나 pH 4 이하의 산성샴푸는 모발의 색을 퇴색시키며 수분을 빼앗아 모발이 부서지고, pH 8 이상인 알칼리성 샴푸는 모피의 비늘층을 용해시킨다.

⑤ 딥 클렌징 샴푸

모발에 남아 있는 화학 성분, 펌이나 염색약 및 트리트먼트제의 유분기, 스타일링제의 잔여분 등을 말끔히 씻어 주는 딥 클렌징 제품을 사용한다. 남아 있는 화학 성분들은 모발을 알칼리화 해서 단백질 조직을 약화시키며, 유분기는 비듬 등 가려움의 원인이 되므로 딥 클렌징으로 제거해 주는 것이 필요하다. 일명 위크엔드 샴푸라고 해서 일주일간에 쌓인 노폐물을 깨끗하게 닦아내는 역할을 한다.

사용방법 : 염색이나 코팅후에는 샴푸할 때 거품이 잘나지 않으므로 샴푸를 두 번에 나누어서 한번 깨끗이 헹구어낸 다음 두 번 샴푸하는 것이 좋다.

- 뜨거운 물로 감지 않고 따뜻한 물로 하는 것이 모발건강에 좋다. 뜨거운 물은 피부를 건조하게 하는 것과 마찬가지로 두피도 건조하게 만든다.
- 샴푸를 직접 두피에 바르지 않고 손으로 비벼 거품을 내서 모발의 중간부분부터 시작해서 끝까지 발라 주어야 한다.
- 오염 물질이 잘 세척되지 않으나 물과 계면활성제로 표면 활성화되며 지방 성분과 물의 유화로 모발에서 떨어지기 시작 계면활성제가 물과 접촉해 모발에서 제거된다.

⑥ 샴푸에 요구되는 질

- 세정이 잘 되어야 하며 모발을 부드럽고 윤기 있게 하며 정전기를 방지한다.
- 지나친 세척력은 금지하며 약 산성인 두피의 pH에 변화가 있어서는 안 된다.
- 모발을 건조시키거나 손상시키지 말아야 한다.
- 두피의 피지를 심하게 제거하지 않으면서 모발과 두피의 오염물질을 제거해야 한다.
- 풍부하고 안정성 있는 거품과 빗질이 쉬워야 한다.

(5) 샴푸의 구성 성분

보편적으로 샴푸는 세정제와 코스메틱제 혹은 치료제 등의 혼합으로 이루어진다.

① 세정제

세정 성분 : 계면 활성제(황화 알콜 지방산)

세정제는 지방질의 제거와 세척을 하며, 세정제로 가장 널리 사용되는 계면 활성제인 황화 알코올 지방산은 모발 세척의 주원인이 되어 지방 및 오염물 등을 제거하는 능력이 있으며, 자연식물 생태계에서 추출한 오일이 기본이 된다(코프라유, 오리브유, 리신유, 월계수유 등). 세정제의 질은 바로 위의 기본 추출 오일의 성분에 의해 좌우되며, 오일의 지방 성분이 많고 좋을수록 샴푸는 부드럽고 모발의 건조가 적고 두피의 손상을 줄인다.

예를 들어, 샴푸의 성분이 리신유를 기본으로 할 경우 월계수유를 기본으로 하는 것 보다 더욱 부드럽다. 리신유는 월계수유 보다 지방성이 더욱 강하기 때문이다.

② 코스메틱 제

③ 지방성분

오일 성분을 기본으로 하며, 세정제의 활동에서 야기 될 수 있는 건조를 방지하며 피지 성분의 완벽 제거를 방지하여 모발의 건강을 증진시키도록 구성된다.

④ 치료제 성분

혹은 모발 건강을 위한 성분을 기본으로 하여, 생화학적인 원료(골수, 프로테인, 황, 비타민 등), 또는 식물적, 동물적인 원료(허브, 밍크기름, 라놀린 등)를 혼합한다.

⑤ 거품 안정제

거품이 풍부하고 단단하도록 해준다.

⑥ 거품 소프트닝제

거품의 밀도를 조정하여 부드럽게 해준다.

⑦ 산화 방지제

샴푸 기본 성분의 산화를 방지하여 분해를 막아 준다.

⑧ 색소

샴푸의 특성을 개선시켜 준다.

⑨ 향

향은 샴푸 기본 성분의 독특한 향을 중화해 주어야 하며 또한 사용이 쾌적하도록 향을 주어야 합니다.

모발 오염 원인

- 피지 성분(두피를 지방성으로 보이게 하고 모발을 거칠어 보이게 한다.)
- 땀의 잔여물
- 먼지
- 스프레이 잔여물
- 바이러스 혹은 미생물

세척이라 함은 모발을 한 겹 둘러싸고 있는 지방 성분과 그 외의 오염 물질을 제거하는 것을 의미하며, 샴푸의 계면 활성제는 지방 성분의 제거 능력을 가지고 있다.

2. 헤어 린스(Hair rinse)

예전부터 사람들은 비누의 사용 후 모발에 남은 알칼리 성분과 모발광택을 저해하는 비누 찌꺼기를 제거하기 위하여 레몬즙과 구연산 등의 산성액으로 헹구어 내었다. 그러나 합성세제로 만든 샴푸의 발달로 이러한 문제는 사라졌으나 너무 강한 세정력에 의한 모발의 푸석푸석함을 막기 위하여 자연성분의 식물성유(올리브유 등)를 섞은 물로 헹구어 내었다.

최근에는 양이온 계면활성제를 사용한 린스의 사용으로 편리하게 모발을 보호할 수 있게 되었다.

1) 헤어 린스의 기능

(1) 샴푸 후 모발을 부드럽게 하고 촉촉하게 한다.
(2) 모발을 보호하며 빗질이 잘 되게 한다.
(3) 모발이 매끄럽고 윤기가 나게 한다.
(4) 모표피에 안정성을 주고 눈, 두피, 모발, 피부에 자극이 적어야 한다.

2) 헤어 린스의 구성성분

(1) 계면 활성제

모발에 강한 흡착력을 갖고 있는 양이온 계면활성제를 사용한다. 린스가 모발에 부착되면 마찰저항을 2~4배 감소시켜 모발을 보호하며 모발 케라틴과 이온 결합하여 정전기의 발생을 억제한다.

(2) 보조 첨가제

① 유성성분

지방질을 보급하여 모발 표면에 피막을 만들어 부드러운 감촉과 자연스러운 윤기를 준다. 라놀린, 스쿠알렌, 유동 파라핀, 지방산과 유도체, 고급 알코올, 에스테르류 외에 합성성분으로 실리콘 등이 사용된다.

3. 헤어 트리트먼트(Hair treatment)

윤기 있고 부드러운 모발은 한 두 번의 트리트먼트로 이루어지는 것이 아니므로 지속적인 관리가 필요하다. 트리트먼트나 컨디셔너는 pH 2.5~3(산성)으로 샴푸로 인해 열려 있는 큐티클을 닫아 단단하게 유지하며 표면에 보호막을 형성해 준다.

염색으로 손실된 아미노산 단백질을 큐티클 안쪽에 침투시켜서 모발 내부에까지 영양을 주어 건조해진 모발에 윤기와 부드러움을 준다. 손님들이 염색한 다음 모발손상으로 인해 염색하기를 꺼려한다. 그러나 이렇게 트리트먼트만 잘 해준다면 모발 손상을 걱정하지 않아도 좋을 만큼 좋은 제품들이 많이 있다.

트리트먼트 제품의 산성이온은 손상된 모발의 알칼리 이온과 결합해서 적정한 산도를 유지하게 된다.

스타일링제는 알칼리성 제품의 화학성분 보다는 천연식물 성분이 배합된 것을 선택하는 것이 좋다.

이런 제품들은 사용 후에 항상 깨끗이 다 헹구어내는 것이 중요하며 그렇지 않을 경우 탈모와 비듬의 원인이 된다.

1) 헤어 트리트먼트의 사용법

(1) 물기를 타월로 닦아낸 후 적당량을 모발과 두피에 바르고 2~5분 정도 맛사지 하여 뜨거운 타월로 감싸고 있다가 깨끗이 헹구어 낸다.

(2) 모발은 공기, 태양, 기후의 변화 등 자연적인 원인 외에도 다른 여러 가지 원인들에 의하여 이상 증상을 나타내고, 모발 빈혈을 일으키며, 민감해지고, 결국은 손상된다.

(3) 미용인은 고객의 모발건강에 책임이 있으므로 모발진단에 따른 적합한 트리트먼트제를 사용하여 이러한 모발에 생기 있고, 부드러우며, 윤기가 나고, 건강한 모발로 회복시키도록 노력하여야 한다.

2) 헤어 트리트먼트의 기능

(1) 얇고 부드러운 모발은 헤어스타일을 만들기 어렵다. 이러한 모발을 견고하게 해준다.

(2) 케라틴과 친화력이 있어 손상된 모발 내부의 구성성분과 융합되어 모발의 손상을 회복시킨다.

(3) 수렴제로 모표피가 수축되게 한다.

(4) 모발에 윤기를 준다.

(5) 빗질을 쉽게 해 준다.

(6) 모발에 정전기가 일어나지 않게 한다.

3) 헤어 트리트먼트의 시술

샴푸 전에 모발의 성질(지성, 건성, 비듬 등)을 검토하고, 필요하다면 트리트먼트를 동반한 샴푸를 한다. 헤어트리트먼트시 맛사지로 효과를 높여주는데 마사지는 고객의 긴장을 풀어 주고 샴푸 후에 안락하고 즐거운 분위기를 고객에게 만들어 준다.

1

2

4) 헤어 트리트먼트의 종류

(1) 클리닉 컬러

① 염색전

- 클렌징 또는 탈색으로 인해 손상된 다공성 모발에 사용하여 모발에(프로틴 성분을 함유)영양을 주고 모발의 큐티클층의 변화로 생기는 손상을 방지하며 모발 섬유 조직에 빠르게 흡수되는 모발 보습제 역할을 한다.
- 염색시 손상된 부분을 채워 주어 염색 효과를 균일하게 하며 모발 끝 부분을 보호해 염색의 지속성을 유지시켜 준다.
- 염색 시술전 두피에 얇은 막을 형성하여 두피 보호 작용을 한다.
- 염색 전후에 사용할 수 있는 이중 목적을 위해 특별히 개발된 클리닉 제품이다.

② 사용법

마른 모발에 도포하고 헹구지 않는다.

(2) 헤어 에센스(Hair essence)

건강한 모발은 큐티클이 질서 정연하게 늘어 저 있고 단백질이 단단하게 맞물려 있어서 샴푸할 때에도 단백질이 빠져나가지 않고 광택과 탄력을 유지하게 되는 반면 손상된 모발은 큐티클이 벗겨져서 샴푸할 때 안쪽의 단백질이 빠져나가서 푸석푸석한 상태가 악순환된다. 그러므로 에센스를 통해 단백질이 빠져나간 틈새에 영양분을 공급하고 벗겨진 큐티클을 인공적으로 만들어 준다.

엉킴과 정전기를 방지하며 모발의 광택효과와 염색으로 손상된 모발내부 조직에 침투하여 상처 난 모발을 치료해 주는 모발 보습제 역할을 한다. 모발 주성분인 케라틴과 18가지의 아미노산이 함유되어 있고 실크프로틴과 실리콘 성분이 함유되어 큐티클에 코팅막을 형성하여 건강모로 재생시켜준다.

사용법

- 샴푸 후 타월 드라이하고 모발이 마르기 전에 젖은 모발(큐티클이 열려 있을 때)에 발라주는 것이 더 효과적이다.
- 바를 때는 손가락으로 두피 마사지를 해주며 이 때 손톱으로 두피가 긁히지 않게 주의해야 한다.
- 반드시 손가락 끝 피부(지문부위)를 이용해 강약 효과를 내면서 지그시 누르거나 비벼주면서 반복하여 마사지해 혈액순환을 돕는다.

(3) 헤어 크리닉(Hair clinic)

모발 섬유구조를 재구성하여 치료 작용을 하며 트리트먼트 효과가 주는 부드러움과는 다르게 조직을 단단하고 튼튼하게 해주는 역할을 하여 재구성 분자로 인하여 섬유가 활기를 띄게 하는 제품이다.

특히 지속적인 백모염색을 하는 모발에 건강함을 재생시켜 준다. 모발의 손상이란 단백질이 빠져나감으로 인해서 결합이 끊어진 상태를 말하며 손상된 모발은 힘이 없고 윤기를 잃어 갈라지고 탄력을 잃게 된다. 이렇게 극도로 손상된 모발은 컬러가 빨리 퇴색되며 웨이브 형성이 되지 않아 펌이 오래가지 않고 빨리 풀어진다.

사용법

샴푸 후 타올 드라이한 다음 골고루 도포하고 헹구지 않는다.
드라이나 세팅할 때 사용하면 좋고 염색한 후나 다음 염색 사이에 사용하면 좋다.

(4) 헤어 브러싱(Hair brushing)

① 브러싱으로 혈액순환을 촉진시키며 모발은 두피속 모유두로 뻗어있는 모세혈관으로부터 영양을 공급받게 되므로 두피 속의 혈액 순환은 매우 중요하다.
② 혈액순환이 제대로 안될 경우 모발이 정상적으로 성장하지 않아 탈모현상이 일어난다.
③ 브러싱은 모발의 흐름을 정리해 주고 두피를 자극시켜서 혈액순환을 촉진 시키며 휴지기에 빠져 있는 모발을 제거시기고 성장기에 있는 모발을 촉진시키는 기능이 있다.
④ 손님 중에는 모발이 많이 빠진다고 해서 전혀 브러싱을 하지 않는데 그러면 모발은 더 많이 빠지게 된다.
⑤ 샴푸 전에 모발과 두피에 부착된 먼지, 비듬을 제거하고 샴푸를 용이하게 하며 또한 두피를 자극시켜 피지분비를 촉진시켜서 두피부분의 피지를 모발끝가지 고루 분포시켜 건조함을 막고 윤기를 준다.
⑥ 끝이 둥글고 두피를 부드럽게 자극시켜 시원한 느낌을 줄 수 있는 나무 브러쉬나 쿠션 브러쉬를 이용하는 것이 좋다.

4. 스타일링 제품

1) 스타일링 제품의 종류

(1) 왁스 크림, 젤(Wax cream, Gel)

① 정 의

왁스, 크림 또는 젤 등은 스타일링 된 상태를 유지시키면서 모발에 탁월한 윤기를 주기 위한 제품입니다.

② 요구되는 질적 사항

- 빗으로의 도포 시술이 용이해야 한다.
- 빗눌 등에도 가능하면 유지력이 있어야 한다.
- 스타일을 무겁게 하거나 지방성으로 보이지 않아야 한다.
- 아주 은은한 향이 있어야 한다.
- 제거가 쉬워야 한다.

③ 제품소개

- 왁스의 경우 액상으로 작은 병에 소개될 수 있으며, 혹은 단단한 고형 물질로 통에 들어있는 형식이 있다.
- 크림과 젤은 튜브나 통에 들어있는 형식이 있다.

④ 제품성분

- 액상 왁스 : 액상왁스는 미네랄 오일과, 마이리스테이트 이소프로필(myristate disopropyle), 리신오일(ricin oil), 세틸릭 알콜(cetylic alcohol)과 일반적인 에틸릭 알콜(ethylic alcohol)을 포함하고 있습니다. 이 제품은 향이 있으며 약간의 색상을 포함하고 있다.
- 고형 왁스 : 고형은 파라핀 젤(gel de paraffin)과 바셀린(vaselin) 또는 리신 오일(ricin oil)과 소의 골수 성분이 함유된다.
- 크림 스타일링 : 크림 타입은 특히 H/E 타입과 스테아레이트 트리에타놀아민(stearate detriethanolamine) 또는 세틸릭 에톡실레(cetylic ethoxyle)를 서로 유화시켜 사용하는 것이다.

(2) 스타일링 젤(Gel)

① 성 분

젤은 먼저 셀룰로오즈(cellulose)또는 리신 아크릴릭(ricine acrylic)에서 유도된 성분으로 젤을 만들어 가며, 고정력을 주기 위한 제품은 P.V.P(polyvinylpyrrolidone, 폴리비닐피롤리돈) 또는 P.V.P/V.A.(V.A=acetate de vinyle, 비닐 아세테이트)를 사용한다.

② 사용법

왁스나 크림 젤 등은 스타일링이 끝난 후 건조된 상태의 모발에 빗이나 손으로 도포한다.

(3) 스프레이(Spray)

① 정 의

스프레이는 모발 스타일링의 개성적인 움직임을 고정시키기 위한 제품이다.

② 요구되는 질적 사항

- 시술이 쉬워야 한다.
- 모발의 뭉침이 없어야 한다.
- 모발을 가볍게 남겨야 하며, 모발의 손질이 쉬워야 한다.
- 수분과 물에 강하게 유지력을 가져야 한다.
- 제거가 쉬워야 한다.
- 모발의 손상이 없어야 하고, 알러지 현상이 없어야 하며, 호흡기에 침투했을 때에도 독성이 없어야 한다.

③ 제품소개

스프레이는 일반적으로 에어졸의 형태로 금속성의 용기에 담겨 밸브로 잠기어 있어 압력으로 분사가 되도록 형태가 지워져 있다. 스프레이도 모발의 상태와 형태 등을 고려해 강력, 초강력으로 분류되며, 또한 건강모 용, 지성모, 건조모 용 등으로 나뉘어 진다.

④ 제품성분

- 스프레이의 고정성분은 3%정도의 에틸 알코올(ethylic alcohol)과 희석되어 사용되어지며, 방출을 하기위한 가스로는 이소부탄(isobutane)이나 이산화탄소 할로제네(hydro-carbure halogene)의 디클로디플루 오로메탄(dichlorodifluoromethane) 등을 사용한다.
- 고정제로는 P.V.P., P.V.P/V.A., P.V.M/MA(폴리메틸레더와 말레익산 vinylmethylether & acide maleique), 비닐아세테이트(acetate vinyle)와 크로토닉산(acid crotonic)을 첨가한다.
- 이외에도 몇몇의 성분들이 첨가될 수 있다. 라놀린(lanoline), 실리콘(silicones), 프탈릭 에스터(esters phtalique) 등은 스프레이성분의 부드러움을 위해 첨가되며, 그 외에도 모발의 탈색을 방지하기 위한 성분들이 첨가된다.

IX

암기를 위한 테스트 게임

제9장 암기를 위한 테스트 게임

1. 색상의 일치성에 대한 테스트

남아있는 반사빛	발색해야 할 반사 빛	YES	NO	토 론
1) 구리빛(4)	적 빛(6)	□	□	
2) 금 빛(3)	구리빛(4)	□	□	
3) 구리빛(4)	적자빛(5)	□	□	
4) 잿 빛(1)	금 빛(3)	□	□	
5) 보라빛(2)	적 빛(6)	□	□	
6) 적 빛(6)	적자빛(5)	□	□	
7) 구리빛(4)	금 빛(3)	□	□	
8) 적 빛(6)	보라빛(2)	□	□	
9) 잿 빛(1)	적 빛(6)	□	□	
10) 자주빛(5)	금 빛(3)	□	□	
11) 보라빛(2)	구리빛(4)	□	□	
12) 잿 빛(1)	적자빛(4)	□	□	
13) 구리빛(4)	잿 빛(1)	□	□	
14) 자주빛(5)	적 빛(6)	□	□	
15) 적 빛(6)	금 빛(3)	□	□	

2. 자연모의 레벨에 대한 테스트

[문제 1] 갈색은?

① 5 ② 3 ③ 4

[문제 2] 7은?

① 황갈색 ② 어두운 황갈색 ③ 밝은 황갈색

[문제 3] 밝은 황갈색은?

① 10 ② 9 ③ 8

[문제 4] 밝은 갈색은 밝은 황갈색 보다 더욱 많은 입자형 색소를 포함하고 있다.

① 참 ② 거짓

[문제 5] 자연 갈색에 해당하는 네가지의 숫자와 이름을 쓰시오.

N
N
N
N

[문제 6] 자연 황갈색의 숫자와 이름을 기입하시오.

N
N
N
N

[문제 7] 탈색이 시작되면서 가장 먼저 사라지는 색은?

[문제 8] 어두운 갈색의 모발을 7레벨 올렸을 때 나타나는 블리치 색상은?

[문제 9] 산화제는 모발의 색소를 산화시키는 제품이다.

① 참 ② 거짓

[문제 10] 다음의 세가지는 모발 탈색의 요인이다. 모발의 탈색에 가장 중요한 역할을 하는 것은?

① 태양 ② 산소 ③ 바닷물

3. 블리치 레벨에 대한 테스트

[문제 1] 노랑오렌지는 자연모 레벨이 어느 숫자와 일치한다.

① 7　　② 8　　③ 9

[문제 2] 5번의 레벨에서 3레벨이 업 되었을 때 얻어지는 블리치 레벨의 색상은?

① 밝은 노랑　　② 노랑　　③ 빨강

[문제 3] 고객이 자주빛의 밝은 갈색을 원한다. 이때 일치하게 되는 블리치 레벨은?

① 노랑 오렌지　　② 붉은 오렌지　　③ 빨강

[문제 4] 갈색의 계열과 일치하는 블리치 레벨의 색상을 나열하시오.

[문제 5] 만일 다음의 제품을 도포 하였다면 얻어지는 블리치 레벨은?

자연모 레벨　4 위에 7번을 도포. 산화제 20vol
6 위에 9번을 도포. 산화제 20vol
5 위에 7번을 도포. 산화제 20vol
3 위에 4번을 도포. 산화제 20vol
3 위에 5번을 도포. 산화제 20vol
7 위에 9번을 도포. 산화제 20vol
4 위에 5번을 도포. 산화제 20vol

4. 컬러레이션에 대한 테스트

[문제 1] 산화 염색이라 함은 먼저 첫 번째로 탈색이 일어난 후 두 번째로 탈색이 일어나는 것이다.

① 참　　② 거짓

[문제 2] 염색이란 블리치 레벨 위에 염색제의 색상이 겹쳐져서 나오는 색상이 마지막의 결과 색상이다.

① 참　　② 거짓

[문제 3] 염색제 한 가지 만으로 탈색과 염색이 이루어진다.

① 참　　② 거짓

[문제 4] 만일 방치시간이 부족하다면 일어나는 현상은?(두가지 답)

① 탈색이 충분하지 않다.
② 색상이 제대로 발색이 되지 않았다.
③ 블리치 레벨이 너무 밝다.

[문제 5] 만일 산화제의 양을 두 배로 하면 일어나는 결과는?

① 블리치 레벨이 너무 밝다.
② 염색의 유지력이 줄어든다.
③ 방치 시간을 늘려야 한다.
④ 모발에 불필요한 손상을 주게된다.

5. 결과에 대한 테스트

[문제 1] 자연모의 레벨이 4인 모발에 기본색상 6을 산화제 1과 도포 하면 나타나는 색상은?

① 기본색상 6　② 6레벨의 오렌지 빛　③ 6레벨의 구리 금빛

[문제 2] 자연모의 레벨이 3인 모발에 기본색상 8을 산화제 30vol과 혼합 도포한 경우 나오게 될 결과는?

① 7레벨의 구리 금빛　② 7레벨의 구리 빛　③ 8레벨의 구리 적자빛

[문제 3] 자연모의 레벨이 3인 모발에 기본색상 7을 산화제 20vol과 도포한 경우 나오게 될 결과는?

6. 반사빛에 대한 테스트

[문제 1] 4.56이란?

① 적은 자주빛 갈색　② 적자 빛 붉은 갈색　③ 구리 빛 붉은 갈색

[문제 2] 다음 색상들의 반사 빛 이름은?

① 7.44　② 9.03　③ 5.20

[문제 3] 다음의 여러 가지 반사빛 ".1, .2, .3, .4, .5, .6, .7" 중 다음의 사항에 맞는 것은?

1/2 레벨 어두워 보이는 것은? ________________
1/2 레벨 밝아 보이는 것은? ________________

[문제 4] 다음 중 블리치 레벨이 노랑인 경우 이상적인 반사빛은?

① 보라빛　② 금빛　③ 적자빛

[문제 5] 다음 중 재빛을 내기 위한 이상적인 블리치 레벨은?

① 노랑 ② 노랑오렌지 ③ 아주 밝은 노랑

[문제 6] 오렌지 빛이 강할 때 이를 중화하려면 어떻게 해야 하는가?

7. 백모에 대한 테스트

[문제 1] 백모의 량에 따라 경우 완벽한 커버를 원할 때 혼합 방법은?

8. 블리치 레벨 테스트

[문제 1] 자연 모 레벨 6의 블리치 레벨은?

① 오렌지 ② 노랑 오렌지 ③ 붉은 오렌지

[문제 2] 자연 모 레벨 8의 블리치 레벨은?

① 노랑 ② 빨강 ③ 밝은 놀랑

[문제 3] 자연 모 레벨 4의 블리치 레벨은?

① 오렌지 ② 빨강 ③ 밝은 노랑

[문제 4] 6.45를 도포 하려한다. 이상적인 블리치 레벨은?

① 노랑 ② 오렌지 ③ 밝은 노랑

[문제 5] 7.40를 도포 하려한다. 이상적인 블리치 레벨은?

① 노랑 ② 오렌지 ③ 노랑 오렌지

[문제 6] 6.1를 도포 하려한다. 이상적인 블리치 레벨은?

① 오렌지 ② 노랑 오렌지 ③ 아주 밝은 노랑

[문제 7] 잿빛(.1)의 반사 빛을 노랑의 블리치 레벨 위에 도포하면 얻어지는 결과 색상은?

① 초록 계열의 반사 빛 ② 잿빛 반사 빛

[문제 8] 기존 염색에 반사빛의 일치성이 없을때 무엇을 해야 하나?

① 지우기 ② 닦아내기

[문제 9] 지우기의 시술 중 탈색제 + 산화제 + 샴푸 외의 필요한 것은?

① 온수 ② 냉수 ③ 과산화수소수

[문제 10] 지우기의 시술을 하는 이유는?

① 일치성 있는 반사빛 제거 ② 일치성 없는 반사 빛의 제거

[문제 11] 닦아내기의 시술 중 탈색제와 무엇이 필요한가?

① 물 ② 샴푸 ③ 산화제

[문제 12] 닦아내기의 시술?

① 레벨의 변화를 위해 ② 겹쳐진 색상의 제거

[문제 13] 지우기(cleansing)를 실시한 후 닦아내기를 한다.

① 네 ② 아니오

[문제 14] 지우기 또는 닦아내기 후의 올바른 샴푸 법은?

① 알칼리샴푸 ② 트리트먼트 샴푸 ③ 산성 컬러전용 샴푸

[문제 15] 지우기의 시술은?

일치성 없는 반사빛 제거 ① 네 ② 아니오
색상 유지력의 연장을 위해 ① 네 ② 아니오
명도를 낮추기 위해 ① 네 ② 아니오

[문제 16] 컬러 매치의 사용 색은?

기본 색상 ① 네 ② 아니오
따뜻한 반사빛의 색상 ① 네 ② 아니오

[문제 17] 4.56과 6.45는 훨러 색상이다.

① 네 ② 아니오

[문제 18] 컬러 매치의 시술은 ?

신생부의 도포 ① 전에 ② 후에

[문제 19] 프리 피그멘테이션의 시술은?

신생부의 도포 ① 전에 ② 후에

[문제 20] 컬러 매치의 색상과 프리 피그멘테이션의 훨러 색상은 같은 색이다.

① 네 ② 아니오

[문제 21] 애벌 염색의 시술은?

① 처녀모
② 기염모를 밝게할 때
③ 2cm 이상의 신생모 염색에

[문제 22] 지우기의 시술을 하는 이유는?

[문제 23] 50%이상의 백모염색의 손님이 다음의 색상을 원하는 경우 어떻게 혼합하여야 하는가?(선택한 색상에 동그라미 치세요.)

7.40	7.40+7 또는 7.3	5.20	5.20+5 또는 5.3
6.66	6.66+6 또는 6.3	6.52	6.52+6 또는 6.3

[문제 24] 자연 모의 레벨 4부터 산화제(20vol)은 몇 레벨 업 되는가?

① 1레벨 ② 2레벨 ③ 3레벨

[문제 25] 일치성이 있습니까?

현재 반사 빛	원하는 반사 빛		
5.3	5.5	① 네	② 아니오
5.2	5.46	① 네	② 아니오
6.35	6.45	① 네	② 아니오
6.36	6.66	① 네	② 아니오

[문제 26] 일치성이 없어서 반사빛이 겹칠 수 있다. 다음 중 어떤 테크닉을 써야하나?

① 직 연연장 ② 지우기

[문제 27] 지우기 후에는 직 연연장을 하여야 한다.

① 네 ② 아니오

[문제 28] 지우기를 하기 위한 탈색제와 2액의 혼합은?

X

핵심 포인트

제10장 핵심 포인트

1. 색상의 체인지(반사빛의 일치성)

남아있는 반사빛	원하는 반사빛	YES	NO
1) 구리빛4	적빛(6)		
2) 금빛3	구리빛(4)		
3) 구리빛4	자주빛5		
4) 잿빛1	금빛3		
5) 보라빛2	적빛6		
6) 적빛6	자주빛5		
7) 구리빛4	금빛3		
8) 적빛6	보라빛2		
9) 잿빛1	적빛 6		
10) 자주빛5	금빛3		
11) 보라빛2	구리빛4		
12) 잿빛1	자주빛5		
13) 구리빛4	잿빛1		
14) 자주빛 5	적빛6		
15) 적빛6	금빛3		
16) 적빛6	구리빛4		
17) 구리빛4	금빛3		
18) 자주빛5	적빛6		
19) 금빛3	구리빛4		
20) 보라빛2	적빛6		
21) 적빛6	잿빛1		
22) 금빛3	자주빛5		
23) 구리빛4	보라빛2		
24) 자주빛	잿빛1		
25) 잿빛1	구리빛4		
26) 적빛6	자주빛5		
27) 금빛3	적빛6		

2. 색상의 체인지 1 지우기(클린징, Cleansing)

일치성이 없는 반사빛을 제거

1. 혼합	탈색제 40g + 온수 40ml + 샴푸 40ml + 산화제 40ml + 1 : 1 : 1 : 1 의 비율
2. 도포	모발의 길이와 끝을 5~30분 반사빛이 제거될 때까지 부드럽게 마사지
3. 세척	세척후 드라이로 말린다.
4. 혼합	원하는 컬러 + 산화제 20vol
5. 도포	모근에서 모발끝까지 직연연장
6. 작용시간	25~35분
7. 샴푸	유화 – 샴푸

3. 색상 체인지2
닦아내기(딥 클린징, Deep cleansing)

산화 염색모(기염모)의 레벨 업

지우기 선행(필수)
지우기로 반사빛 제거가 끝난후

1. 혼합	탈색제 10g + 산화제 20vol 30ml	두피에서 2cm 띄고 색상이 많이 겹친 곳부터 자체 도포하여 마사지하며 비벼준다.
2. 도포	30분 마사지	원하는 색상의 블리치 레벨까지 올려준다
3. 세척	세 척	
4. 혼합	원하는 컬러 + 산화제 20vol	
5. 도포	직연연장	
6. 작용시간	20~30분	
7. 샴푸	유화 – 샴푸	

4. 연연장 방법 적용

1) 끝부분이 색상 변화 거의 없이 윤기와 선명함을 원할 경우(통 연연장기법)

(1) 방법

25분 뿌리 자연방치 후 남은 혼합제에 10~15cc의 따뜻한 온수를 혼합해 길이 전체를 도포한다.

(2) 방치

방치시간은 5분

2) 끝부분이 색상 변화가 보통일 경우(반연연장기법)

(1) 방법

15분 뿌리 자연방치 후 남은 혼합제에 10~15cc의 따뜻한 온수를 혼합해 길이 전체를 도포한다.

(2) 방치

방치시간은 15~20분 정도

(3) 세척

전체 방치시간인 35분 후 5분간 부드럽고 꼼꼼하게 액상화한 후 세척하고 염색전용 산성 샴푸를 사용하여 모표피를 닫아준다.

3) 끝부분이 색상 변화가 많을 경우(직연연장기법)

지우기, 닦아내기(반사빛을 없앤 후) 후에는 바로 직연연장한다.

5. 컬러매치(Color match)

재염색시 원하는 색상보다 3레벨 정도까지 밝은 상태이며 모발 손상이 심하지 않은 경우에 적용한다.

색상을 오랫동안 유지해 주고 레벨의 차이가 없이 얼룩지지 않게 해주는 방법으로 색소를 더 주기 위하여 1제의 휠러(선착색)색상을 다음과 같이 사용한다.

1. 혼합	원하는 컬러 + 산화제 20vol
2. 도포	①신생부에
3. 작용시간	방치시간 없이 즉시
4. 혼합	남아 있는 약제 + 훨러색 3cm 따뜻한 물 10ml (양은 길이에 따라 조절)
5. 도포	②기염부에
6. 작용시간	25~35분
7. 샴푸	유화 – 샴푸

* 산화제를 넣지 않는 이유는 이미 밝아져 있어서 탈색할 필요가 없기 때문에 휠러색상으로 색소만 채워준다.
* 긴머리인 경우는 5cm 까지의 사용이 무방하다.

6. 프리 피그먼테이션(Pre-pigmentation)

재염색시 손상되고 아주 민감한 모발을 원하는 색상보다 3레벨 이상 퇴색되어 밝은 상태에서 어둡게 염색하고자 할 때, 부분적으로 하이라이트닝을 해서 3레벨 이상 차이나는 탈색된 모발을 같은 레벨로 맞추고 싶을 때, 그 부분에 부족한 색소를 더 넣어주기 위한 방법이다.

원하는 색상의 바탕색상을 얻기 위해 먼저 휠러 색상의 색소를 넣어 바탕색을 어둡게 해준 다음 염색을 하면 몇 번의 샴푸에 쉽게 퇴색되거나 얼룩지는 것을 방지한다.

1. 혼합: 휠러색상 3cm + 따뜻한 물 10ml
↓
2. 도포: ①기염부에
↓
3. 작용시간: 헹구지 않고 즉시
↓
4. 혼합: 원하는 컬러 + 산화제 20vol
↓
5. 도포: ②신생부에서 ①까지
↓
6. 작용시간: 25~35분
↓
7. 샴푸: 유화 - 샴푸

7. 휠러(Filler)색상

애벌색상 또는 선착색상이라고도 하는데 이런 경우에 사용할 수 있다.

- 특별히 모발이 심한 다공성이어서 염색 색상이 고루 흡수되지 않아 얼룩질 가능성이 있을 때 사용한다.
- 모발이 약하고 너무 탈색이 많이 된 부분에 염색하기 전에 색소를 채워 주어서 바탕색을 어둡게 만들 때 사용한다.

휠러색상	자연모와 같은 레벨색상
	원하는 컬러보다 1레벨 어두운 색상
	원하는 카라와 같은 레벨의 색상
	원하는 컬러와 같은 레벨의 따뜻한 색조
	백모커버색상
	백모 50% 이상 → 백모커버색상

예를 들어 원하는 색상이 5레벨 밝은 갈색인데 모발끝이 8레벨 밝은 황금색으로 퇴색되어 있으면 새로 자란 부분과 컬러를 맞추기 위해 재염색 부분에 4레벨 또는 같은 5레벨 또는 따뜻한 색조의 금빛갈색을 휠러색상으로 사용할 수 있다.

휠러색상을 써서 컬러매치한 염색과 하지 않은 염색과의 차이는 몇 번의 샴푸로 인한 퇴색의 정도로 알 수 있는데 컬러 매치한 염색의 색상이 퇴색이 덜 된다.

원하는 색상 레벨	휠러색상
9	8.3
8	8.3
7	7.43, 7.40, 7.44
6	6.45, 6.35, 6.52
5	4.45, 5.64, 5.5
1~4	4.45, 4.56

8. 애벌 염색(Pre-softening)

애벌 염색으로 굵고 펌하지 않은 처녀모, 뻣뻣한 백모, 또는 신생부가 6cm 이상 일 때 사용하는 기법으로 모발을 부드럽게 하여 염색이 잘되도록 유화시켜 주는 작용이다.

1. 혼합	산화제 20vol만사용
2. 도포	①에 도포
3. 작용시간	드라이어로 열을 가하여 건조 10~15분
4. 혼합	원하는 컬러 + 산화제 20vol
5. 도포	②에 원터치
6. 작용시간	25~30분
7. 샴푸	유화 – 샴푸

9. 2007년 Hair Trend Color & Cut Design

Hair GRAPHY 잡지사 자료제공

다양한 질감처리로 율동감과 방향성을 준

Lively Disconnection Cut

전체적인 느낌은 더욱 내추럴해지고 고급스러워진 가운데, 디스커넥션 기법으로 단차를 주어 밋밋함을 커버해 줄 것, 여기에 트위스트, 슬라이싱, 롤링 등의 다양한 질감 처리로 한 올 한 올의 방향성을 생생하게 표현해주는 것이 뉴 커트 트렌드의 핵심이다.

작고 귀여운 소녀의 느낌을 연출한

Short Bob by Disconnection

모발 한 가닥마다 움직이는 듯한 방향감이 살아있는 쇼트 보브 스타일 이다. 전체적으로 디스커넥션을 이용하여 커트한 후 트위스트 기법으로 모량을 정리하고, 슬라이싱 기법으로 방향과 질감을 표현한다.

얼굴에는 입체감을, 모발에는 율동감을 주는

Rhythmical Color Silhouette

남성에게는 보다 야성적이고 강한 이미지를 위해 다크 계열과 밝은 컬러를 대조 시킬 것, 그리고 여성은 더욱 사랑스러운 느낌을 위해 밝고 화사한 톤으로 부드럽게 표현해 줄 것, 이를 통해 얼굴에는 입체감을 부여해주고 커트 선은 더욱 살아난다.

불규칙하면서 단정한 스타일 추구하는

Trendy Bob Cut

좌우의 비대칭이 강조되어 개성이 드러나는 강한 임팩트를 지닌 보브 스타일이다. 턱선의 라인을 중심으로 한쪽은 길게, 다른 한쪽은 짧게 디자인되었다. 이로써 미디엄과 쇼트를 동시에 즐길 수 있는 과감함이 트렌디 보브의 특징이다.

내추럴한 텍스쳐와 볼륨을 강조한
Relaxing Wave Perm

여성만이 가지고 있는 부드럽고 섹시한 여성성을 강조하는 펌 스타일. 과장되기 보다는 유연하고 풍만한 굴곡의 아름다움을 전하는 릴렉싱한 웨이브 디자인이 펌 트렌드의 관건으로 부각되고 있다. 특히 레이어의 기이와 롯드의 모양에 따라 다양한 실루엣을 경험할 수 있다. 한 때 두드러졌던 부스스함보다는 완만하면서도 탄력 넘치는 펌 스타일이 여심을 공략한다.

불규칙하고 늘어지는 듯한 웨이브가 흐르는
Random Perm

어깨선을 넘어가는 레이어드 된 롱 헤어에 굵은 롯드를 불규칙적으로 사용하여 풍성한 볼륨감과 로맨틱한 아름다움을 강조해준다. 커트와 펌에서 지나친 가벼움도, 무거움도 느껴지지 않도록 균형감을 고려한 스타일이다.

10. 2007년 드라마 속의 헤어컬러링

눈의 여왕

심장까지 차갑게 얼어붙은 얼음공주 '보라'는 대형 백화점 사장의 딸로 근무력증이라는 난치병을 앓고 있다. 화려한 배경과 외모 덕분에 그녀에게 접근하는 사람은 많지만, 정작 외롭기만 한 그녀는 오만방자하기 그지없다. 그러던 중 천재성을 숨기고 살아가는 복서 태웅을 만나 세상에 조금씩 마음을 열게 된다는 스토리로 역시 동화(눈의 여왕)에서 그 이미지를 차용했다.

김보라 Style(성유리)

주변 사람들에게 히스테리를 부리지만, 항상 외로운 부잣집 딸을 위해 제안된 헤어스타일. 약간은 자연스러운 업스타일로 단정하게 튼다운 말아 올려 깔끔하게 고정시키거나 흘러내리듯 느슨하게 말아 올리는 시뇽 스타일이 주로 선보여진다. 이는 세련됨과 동시에 도도하고 오만한 보라의 캐릭터의 표현하기에 충분하다.

한태웅 Style(현빈)

세상을 향해 공허하고 슬픈 눈빛을 날리는 아웃사이더 태웅의 헤어스타일은 덥수룩하다. 뱅 스타일에 펌으로 전체적인 볼륨을 살리면서도 약간은 뻗치는 머리가 인상적인데, 가장 주목해야 할 점은 귀를 드러내지 않고 가렸다는 것 . 이로 인해 깔끔한 멋 보다는 다소 다듬어지지 않은 느낌이 듦과 동시에 짧은 수염을 기른 턱과 묘한 조화를 이룬다.

연 인

그 남자는 고등학교도 졸업 못한 깡패두목이고, 그 여자는 일류대를 졸업한 한 미모 하는 성형외과 의사, 절대 만날 수 없을 법한 둘인데도 드라마 속에서는 가능하다. '파리의 여인', '프라하의 연인', 에 이어 '연인'시리즈의 세 번째 SBS수목드라마 '연인'은 영화 약속에서 모티프를 가져 왔으며 '파리의 연인'의 연출, 작가, 배우가 다시 뭉쳐서 화제를 모으기도 했다.

윤미주 Style (김정은)

똑똑한 전문직 여성이지만, 다소 엉뚱한 미주의 캐릭터를 위해 제안된 헤어스타일은 발랄하면서도 한편으로 수순해 보이는 내추럴 펌의 보브 스타일. 그래서 조금만 움직여도 모발이 생기 있게 산들거리며 때때로 대책 없이 삐죽 거리기도 한다. 하지만 가벼운 느낌의 샤기 커트이기 보다는 약간의 무거운 느낌의 쇼트 커트 보브 스타일이다 이에 대해 윤미주 역을 맡은 배우 김정은은 '어떤 여자 의사도 긴머리를 찰랑거리지 않는다.' 는 점에 유의해서다.

하강재 Style (이서진)

극중 당뇨 증세기 있는 그는 혈당이 떨어질 때마다 초콜릿을 섭취한다. 그래서 헤어 컬러도 비슷한 브라운으로 염색했다고 말하면 다소 억지스러운 감도 있겠다. 기존의 보스 이미지라면 영화 '대부'의 알파치노 스타일로 권위적인 올백 헤어를 연상시키는 것이 흔한데, 이 트렌디한 보스는 펌을 해 크라운 부분에 볼륨을 살렸다.

해 답

제9장 암기를 위한 테스트 게임

1. 색상의 일치성에 대한 테스트

1) YES 2) YES 3) YES 4) NO 5) NO 6) NO 7) NO 8) NO
9) NO 10) NO 11) NO 12) NO 13) NO 14) YES 15) NO

2. 자연모의 레벨에 대한 테스트

1) ③ 2) ① 3) ③ 4) ①
5) 5N : 밝은 갈색, 4N : 갈색, 3N : 어두운 갈색, 2N : 아주 어두운 갈색
6) 6N : 어두운 황갈색, 7N : 황갈색, 8N : 밝은 황갈색, 9N : 아주 밝은 황갈색
7) 파란색(푸른색) 8) 아주 밝은 노랑 9) ① 10) ②

3. 블리치 레벨에 대한 테스트

1) ① 2) ② 3) ② 4) N2 : 빨강, N3 : 빨강, N4 : 빨강, N5 : 붉은 오렌지
5) 6레벨의 오렌지, 8레벨의 노랑, 7레벨의 노랑 오렌지, 4레벨의 적색, 5레벨의 붉은 오렌지, 9레벨의 밝은 노랑, 5레벨의 오렌지

4. 컬레레이션에 대한 테스트

1) ② 2) ① 3) ② 4) ①, ② 5) ④

5. 결과에 대한 테스트

1) ② 2) ① 3) 5레벨의 붉은 오렌지

6. 반사빛에 대한 테스트

1) ① 2) 진한 구리빛 황갈색, 자연스러운, 강한 보라빛 밝은 갈색 3) .1, .2, .7 .3, .4, .5, .6
4) ② 5) ③ 6) .4 ↔ .1 중화시킨다

7. 백모에 대한 테스트

1) 차가운 계열 : .1, .7, .2 + 같은 명도, 따뜻한 계열 : .3, .4, .5, .6 + .3(금빛)

8. 블리치 레벨 테스트

1) ① 2) ① 3) ② 4) ② 5) ③ 6) ③ 7) ① 8) ① 9) ①
10) ② 11) ③ 12) ① 13) ① 14) ③ 15) ①, ②, ② 16) ②, ① 17) ①
18) ② 19) ① 20) ① 21) ① 22) 재염색시 일치성 없는 반사빛을 제거하기 위해
23) 7.3, 5.20+5, 6.3, 6.3 24) ② 25) ①, ②, ①, ① 26) ② 27) ①
28) 탈색제 + 산화제 + 샴푸 + 온수

제10장 핵심 포인트

1. 색상의 체인지

1) YES 2) YES 3) YES 4) NO 5) NO 6) NO 7) NO 8) NO 9) NO
10) NO 11) NO 12) NO 13) NO 14) YES 15) NO 16) NO 17) NO 18) YES
19) YES 20) NO 21) NO 22) YES 23) NO 24) NO 25) YES 26) YES

참고문헌

1. 모발 미용학, 곽형님, 정문각, 1997.
2. 퍼머넌트 웨이브 김춘일외 고문사.
3. 프로 컬러 마스터 .1 2. 3. 4 LOREAL. 프로페셔널파리 교육자료.
4. 후라핸드 칼라테크닉, 김용민, 수문사, 1998.
5. 화장품학. 하병조.
6. 셀렉티브 염색챠트표, (주)그리에이트사
7. FAROUK KOREA(주) 휘록시스템 2000.
8. GENIC CORPORATION (주)
9. GENIC WAVE MODE Manual
10. Hair Best Color : 조정혜외, 훈민사, 2002.
11. Hair Color Dressing 구본의 외 청구문화사.
12. HAIR COLOR PASS, 이미선, 현문사, 1998
13. HAIR COLOR TECHNIC 최한범. 도서출판 에스코. 1997
14. Hair GRAPHY 잡지 에델만, 윤스칼라, 2007.
15. id HAIR. 잡지. 제일출판사. Vol. 23.
16. LOREAL PROFESSIONNEL. PARIS.PRODUCT GUIDE
17. Sunglitz SYSTEMS, COLOR manual BIOGLITZ
18. trend vision award 06. WELLA 코리아.

찾아보기

INDEX

헤어컬러테크닉

2007년 3월 20일 초판발행
2012년 3월 20일 초판2쇄발행
2018년 8월 30일 초판3쇄발행

지은이 / 김계순, 김미선, 박성희, 송희라, 윤복연, 이대천
이순녀, 이재호, 정년구, 정 연, 정용성, 최연희

펴낸이 / 이상태
펴낸곳 / 청구문화사
주 소 / (03706) 서울특별시 서대문구 성산로11길 15
전 화 / 02) 332-0541(代) 팩 스 / 02) 337-9577
등 록 / 1990년 11월 2일 제9-247호

가격 25,000원

ISBN 978-89-5616-202-7 93590